起重装备结构件可靠性研究

郑钰琪　任庆洪　冯碧敏
王冬梅　周正啟　王三民　著

西北工業大學出版社
西安

图书在版编目(CIP)数据

起重装备结构件可靠性研究/郑钰琪等著.—西安：西北工业大学出版社，2022.10

ISBN 978-7-5612-8286-1

Ⅰ.①起… Ⅱ.①郑… Ⅲ.①起重机械-结构构件-可靠性-研究 Ⅳ.①TH21

中国版本图书馆 CIP 数据核字(2022)第 169172 号

QIZHONG ZHUANGBEI JIEGOUJIAN KEKAOXING YANJIU

起重装备结构件可靠性研究

郑钰琪　任庆洪　冯碧敏　王冬梅　周正啟　王三民　著

责任编辑：王梦妮　　**策划编辑**：张　晖

责任校对：胡莉巾　　**装帧设计**：董晓伟

出版发行：西北工业大学出版社

通信地址：西安市友谊西路 127 号　　邮编：710072

电　　话：(029)88491757，88493844

网　　址：www.nwpup.com

印 刷 者：西安五星印刷有限公司

开　　本：720 mm×1 020 mm　　1/16

印　　张：9.25

字　　数：176 千字

版　　次：2022 年 10 月第 1 版　　2022 年 10 月第 1 次印刷

书　　号：ISBN 978-7-5612-8286-1

定　　价：52.00 元

前　言

随着我国经济的发展，起重机械制造业取得了长足的进步，用到起重机的领域也越来越多，但是很多空间不支持大型起重机展开工作，所以这样的工作环境就需要有特殊技能或构造的起重机产品的出现。同时，由于起重装备使用频繁、工作时间长，起升高度高、工作幅度大、转运货物价值高，因此，如何判断起重装备能否安全、可靠、快速地转载就成为一个需要解决的重要问题。

起重装备工作时经常需要起动和制动，特别地，若操作人员操作不熟练，很容易出现急停、猛拉现象，起重臂在强烈的冲击作用下引起不稳定变幅应力，因而对其进行多体动力学分析具有十分重要的意义，是提高其安全性和可靠性的重要基础。

本书从起重装备关键结构件的结构、材料、作业工况及自身所受到的复杂载荷入手，结合相关理论，利用多体动力学载荷分析、三维有限元分析、虚拟样机技术、疲劳寿命预估、疲劳可靠性分析以及形质灵敏度优化技术，最后通过试验验证，建立起一个较为完备的起重装备结构件疲劳寿命预估与可靠性研究系统。

首先，本书以某起重装备为对象，依据刚柔耦合多体系统传递矩阵法，将起重装备处理为由多个集中质量、刚体及柔性臂按一定方式铰接而成的刚柔耦合多体系统，建立所有元件的传递方程和传递矩阵，并将单个元件的传递方程整合，形成起重装备的刚柔耦合多体系统整体传递方程。在此基础上，建立起重装备系统中所有元件的总体动力学方程，根据系统总体的结构特点，将其整合为多体系统总体动力学方程，并将冲击力学中的冲量模型和碰撞接触模型与多体系统传递矩阵法结合，提出基于传递矩阵法的刚柔耦合多体系统的冲击响应分析方法。通过对传递方程的求解，分析其振动特性，得到起重装备的振动固有频率及其对应的主振型。根据柯西方程推导出系统中的柔性臂在冲击载荷作用下的冲击应力分布公式，分析在起升过程中的起升冲击载荷特点，数值分析该刚柔耦合多体系统的频率响应和冲击响应，并得到柔性臂的冲击应力分布规律。所建立的刚柔耦合多体系统传递矩阵法对多体机械系统具有通用性，所得结果对起重装备的动态优化设计和振动控制等具有参考价值。

其次，本书通过对起重装备结构件所受载荷进行研究，结合起重装备结构和作业环境的特殊性，利用 ANSYS 三维有限元分析技术完成其强度、刚度分析，并获得较为满意的结果，为后续改进设计及检修工作提供非常有价值的参考。在此基础上，基于疲劳寿命预估理论，得到起重装备钢结构件寿命预估模型和材料寿命曲线，从而对钢结构件疲劳寿命进行预估，进而对起重装备结构件的力学性能、强度、设计寿命进行全面分析。该方法可以作为在役起重装备钢结构件疲劳寿命预估的定性评判依据，其计算结果对实际设计或检查工作具有重要的借鉴意义。

再次，本书从 Miner 累积损伤的定义出发，视累积损伤为随机过程、临界损伤为随机变量，基于疲劳动态可靠性理论，提出在预期寿命下起重装备钢结构件寿命可靠性评估方法，对其进行概率分析。明确回答针对 63 000 次循环设计寿命，起重装备钢结构件失效的概率有多大，通过计算分析得出，钢结构件绝大部分区域的可靠度能够保持在较高水平，而局部区域则需要执行定期检修。在获知预期寿命可靠度的基础上，引入形质灵敏度设计，优化零件参数，在不改变结构质量的同时减小最大变形，进而间接减小最大应力，提高产品可靠度，避免以往通过增加结构参数的尺寸来减小最大应力，即通过增加产品的质量来换取可靠性提高的弊端。

最后，本书通过对起重装备进行各种试验检测验证，分析试验数据，判断其是否满足规定的设计使用寿命、安全性、可靠性要求。

本书共分为7章，全书由郑钰琪负责统稿，其中：第1章和第7章由郑钰琪编写，第2章由任庆洪、冯碧敏编写，第3章由周正啟编写，第4章和第5章由王三民编写，第6章由王冬梅编写。

在撰写本书的过程中参阅了大量文献，在此谨向其作者表示感谢。

由于水平有限，书中不足之处在所难免，恳请读者批评指正。

著　者

2022年5月

目　　录

第1章 绪　论

1.1 选题背景

随着我国经济的发展，起重机械制造业取得了长足的进步，用到起重机的领域也越来越多，但是很多空间不支持大型起重机展开工作，所以这样的工作环境就需要有特殊技能或构造的起重机产品出现。同时，由于起重机使用频繁、工作时间长、起升高度高、工作幅度大、转运货物价值高，因此，如何判断起重机能否安全、可靠、快速地转载昂贵设备就成为一个需要解决的重要问题。

起重装备关键钢结构件有起重臂、转台、车架和支腿四部分。起重装备要求具有良好的力学性能，包括应力水平、刚度、变形、抗干扰性能等，同时还要求具有较高的疲劳可靠度。对于设计人员来说，零件、结构件及整机的力学性能如何，会不会因强度不够造成破坏事故，能不能满足设计寿命的要求且这一概率有多大，这些都是必须关心和回答的问题。

起重装备结构复杂，为了保证起重装备具有足够的工作范围，起重臂通常具有修长的结构，在工作过程中会出现较大的弹性变形。虽然起重装备的车身质量很大，但是当起重装备工作的时候也会发生振动。起重臂的幅度变化、起重装备支腿的控制都是通过液压机构实现的，在受到冲击载荷时都会表现出一定的动力学特性。不同机构的动力学特性会相互影响，最终形成起重装备系统整体的动力学振动特性。为了实现对起重装备的精确动力学分析，必须将其视为一个统一的系统，运用多体系统动力学方法对其进行动力分析。

起重装备主要是由金属构件组成的，承受的是交变载荷，疲劳破坏（损伤）是其主要的失效形式。因此，起重装备的寿命主要取决于金属构件的疲劳寿命。要解决疲劳破坏这个问题，就必须科学地对起重装备的剩余寿命进行预估，这样不仅可以随时掌握起重装备的技术状态，而且可以科学地制定维修策略。目前，对于那些大量处于超期使用状态的起重装备，哪些还能安全、可靠地进行转载吊装，哪些进行修复后可以使用，哪些应该报废，还没有一个明确的评估标准，致使起重装备的临战技术状态评估无据可依。

本书从起重装备关键结构件的结构、材料、作业工况及自身所受到的复杂载荷入手，结合相关理论，利用多体动力学载荷分析、三维有限元分析、虚拟样机技术、疲劳寿命预估、疲劳可靠性分析以及形质灵敏度优化技术，最后通过试验验证，建立起一个较为完备的起重装备钢结构件疲劳寿命预估与可靠性研究系统，用以指导武器系统转载装备钢结构件的设计、研究与监控。在此基础上建立武器起重装备钢结构件的可靠性分析与设计方法，获得最佳的结构参数和结构形式，为判定转载装备的技术状态与服役周期提供理论依据，为获得高可靠性、长寿命的武器系统起重装备钢结构件提供参考依据，从而实现武器的高可靠性转载、吊装。

1.2 相关领域研究现状

1.2.1 多体系统动力学的研究现状

多体系统是以一定方式相连接的多个刚体（刚体、弹性体/柔体、质点等）组成的系统，是一个古老而又明确的物理概念。在兵器、机器人、航空、航天、机械等国防和国民经济领域中，诸如发射系统、飞行器、机械手、民用机械等大量的工程对象均可归结为以各种方式相连接的多个刚体和弹性体组成的多体系统。

目前多体系统动力学主要分为多刚体系统动力学、多柔体系统动力学以及刚柔耦合多体系统动力学。分析过程主要为：首先建立动力学模型，然后根据建立的动力学模型运用相应系统动力学理论，写出多体系统动力学方程，最后根据得到的系统动力学方程特点，运用合理的数值分析方法求得系统的动力学方程。

其中多刚体系统动力学发展的最早，至今已有 200 多年的历史，目前已趋于成熟。多刚体系统动力学在经典力学理论的基础上，将系统简化为由多个自由质点和刚体组成的复杂系统，然后进行运动学和动力学分析，最后建立适宜计算机程序求解的数学模型，并寻求高效、稳定的数值求解方法。在多刚体系统动力学的发展过程中形成了各具特色的多个流派。目前应用较为普遍的几种方法是罗伯森-维滕堡（Roberson-Wittenburg）方法、凯恩（Kane）方法、牛顿-欧拉（Newton-Euler）方法和变分方法等。早期的多刚体系统动力学的主要内容是由这几种方法构成的，借助数值分析技术之后，由多个物体组成的复杂机械系统动力学分析问题可以得到较为理想的解决。目前的多刚体系统动力学研究重点在于解决多刚体系统动力学在建模与数值求解方面的自动化和程序化。Nikravesh提出了计算机辅助的多体系统动力学分析，Roberson和Schwertassek使用线性方程和计算机仿真技术讨论了多体系统中坐标系方向问题。Haug系统地阐述了空间及平面多体系统动力学和运动学计算机辅助建模方法。

刚柔耦合多体系统本质上是一个多柔性体系统，系统中包含了刚体单元，表现为系统中刚体运动和柔性体变形之间的耦合。Sato和Sakawa建立了关于起重机的多刚柔体动力学模型，能够完成起重机在起升冲击载荷下的动力学分析，但是只把起重臂与支腿处的连接处理成柔性体。Kilicaslan等人建立了关于柔性起重臂的动力学模型，但是没有考虑车体、转台和支腿等部件对起重臂振动特性的影响。自Pestel建立经典的传递矩阵法以来，多体系统传递矩阵法目前已经发展成分析刚柔耦合多体系统动力学响应的重要方法。它通过整合各体元件传递矩阵和传递方程得到了系统整体传递矩阵和传递方程，具有高程式化且高效的优点。

出于工程技术发展的需要，近年来，国内、外学者提出和改进了各种多体动力学分析方法，如Wittenbury方法、Schiehlen方法、Kane方法、多体系统传递矩阵方法等，这些方法推动了现代工程技术的发展，为解决机械系统动力学问题提供了多种有效的方法。

1.2.2 疲劳寿命与可靠性研究现状

疲劳可靠性的研究旨在从经济性和维修性要求出发，在规定工作条件下、在完成规定功能下、在规定使用期限内，使结构因疲劳或断裂而失效的可能性减至最低。

疲劳问题的产生可以追溯到19世纪初。1829年德国的艾伯特用矿山卷扬机进行疲劳试验，机械设备材料在低于材料抗拉强度情况下的破坏才被弄明白。1839年法国工程师彭赛列首先采用了“疲劳”这一术语来描述材料在循环载荷作用下的承载能力逐渐耗尽以至最后突然断裂的现象。1842年胡持提出了结晶理论，认为金属疲劳强度降低是振动引起的结晶化所致。1843年英国铁路工程师W. J. M. Rankine发表了第一篇疲劳论文《关于机车车辆的疲劳破坏问题》。他对疲劳断裂的不同特征有了认识，并注意到机器部件存在应力集中的危险性。1847年德国工程师Wöhler对金属的疲劳问题进行了深入且系统的研究。1850年他设计出了第一台疲劳试验机，并用它来进行机车车轴的疲劳试验。他在1871年发表的论文中，系统论述了疲劳寿命与循环应力的关系，提出

了 $S-N$ 曲线和疲劳极限的概念，确定了应力幅是疲劳破坏的决定因素，奠定了金属疲劳理论的基础，因此 Woöhler 被公认是疲劳的奠基人。

19 世纪 70—90 年代，戈贝尔研究了平均应力对疲劳强度的影响，提出了戈贝尔抛物线方程。英国的古德曼研究了类似的问题，提出了著名的简化曲线——古德曼图。1884 年包辛格发现了在循环载荷下弹性极限降低的“循环软化”现象，引入了应力-应变滞后回线的概念。1910 年 A. A. Griffith 用玻璃研究脆断的理论和实验，奠定了断裂力学的基础。进入 20 世纪，人们开始用金相显微镜来研究疲劳机制，研究了循环应力产生的滑移痕迹、循环硬化和循环软化、多轴疲劳的弯扭复合作用、应力集中系数的理论值、缺口应变分析（提出内应力的概念）、用喷丸提高疲劳强度的机制，引入了应力梯度的概念，提出了线性累积损伤理论公式化（形成了帕尔姆格伦-迈因纳线性累积损伤法则）以及常规疲劳设计计算公式，这些奠定了常规疲劳设计的基础。1952 年 NASA 刘易斯研究所的曼森和科芬在大量试验数据的基础上提出了表达塑性应变和疲劳寿命间关系的曼森和科芬方程，奠定了低周疲劳的基础。1961 年诺依伯开始用局部应力-应变研究疲劳寿命，提出了诺依伯法则。1963 年美国人帕里斯在断裂力学的基础上提出了估算裂纹扩展规律的著名关系式——帕里斯公式，给疲劳研究提供了一个估算裂纹扩展寿命的新方法。20 世纪 60 年代统计学开始应用于疲劳试验和疲劳设计。1971 年威茨在曼森和科芬方程的基础上，提出了根据应力-应变分析估算疲劳寿命的一整套方法——局部应力-应变分析方法。此后，可靠性理论和损伤容限设计也开始在疲劳设计中应用。1973 年 Brown 和 Miller 等人提出的 Brown-Miller 准则，认为裂纹的产生发生在最大剪应变所在的特定平面，其对延性金属材料的寿命估计与实际最相符。

在国内，北京理工大学郑慕侨和项昌乐对 80 式坦克和液力传动系统的载荷谱和疲劳寿命做了大量研究。装甲兵工程学院对某主战坦克的扭力轴进行了疲劳断裂和寿命分析。大连理工大学的张晓丽、李德建应用有限元方法对 59 式坦克传动装置的单对齿轮进行了疲劳分析。西南交通大学的金鼎昌、阳光武通过试验和数值方法在时域和频域上对机车车辆零部件的疲劳寿命进行了预测仿真。北京理工大学的陈东升等人针对车辆变速箱齿轮零件的载荷特点，在军用车辆传动系齿轮材料疲劳特性试验研究的基础上，探讨了齿轮弯曲疲劳寿命的估算方法。

1991 年美国国防部对可靠度提出了定义：系统及其组成部分在无故障、无退化或对保障系统无要求的情况下执行其功能的能力。自 1980 年以来，我国颁布了一系列可靠性方面的国家标准。从20世纪80年代中期开始,我国在武器装备领域,全面运用可靠性理论开展定、延寿工作,较准确地确定了一批装备及设备的寿命,有计划地进行可靠性“补课”,大幅度提高了许多设备的可靠性水平。各有关部门都有计划地组织可靠性理论及应用研究课题,有的课题已取得了成果。我国在可靠性方面的研究范围广泛,研究领域水平逐步向世界先进水平靠近。

1.2.3　工程机械试验技术研究现状

工程机械的疲劳可靠性、耐久性试验是提高和保证其质量的重要手段。长期以来,对工程机械进行的整车级别的可靠性试验,主要依靠实车道路行驶试验或专用试验场试验。当采用这两种方式进行试验时,要想全面获得试验对象的可靠性疲劳寿命数据,就必须使用多辆试验起重装备在事先选定的具有一定配比的多种路面上行驶至足够的里程,甚至要求行驶至出现致命故障为止。由于在通常情况下,工程机械均具有较长的疲劳寿命,且不同试验起重装备出现的故障形式和位置也不尽相同,因此进行一次完整的实车试验,从试验准备到试验报告编写,往往需要历经一年至数年时间,使用数台试验起重装备,累计行驶数万千米,耗费的资金也动辄以百万元甚至千万元计。此外,由于试验对象往往是新研制的型号,对其进行试验,试验人员也承担着较大的风险。同样的情况也存在于对工程机械工作装置的可靠性试验上。对工作装置进行可靠性试验,目前较为常用的是实装作业试验。试验要求用数台试验样机完成一定时间的某种类型的作业任务。该试验也是十分费时费力的。目前的外场试验方法存在周期长、费用高、试验条件难以控制、试验中有一定的安全隐患等缺陷,已无法适应当前新工程机械品种更新快、可靠性要求高的特点。当前迫切需要找到一种试验成本低、周期短、结果可信性高的可靠性试验方法来取代或部分取代现有的试验方法。

国内研究目前还主要靠引进国外的疲劳可靠性试验或虚拟试验的软、硬件,我国对虚拟试验的研究仍整体处于较低的水平,没有形成系统。然而,在工程机械领域,从目前公布的资料来看,大部分研究仅限于工程机械工作装置较为基础的仿真分析和优化设计等应用,对于基于虚拟样机技术的虚拟试验涉及不多,而在虚拟疲劳试验方面则更少。在疲劳寿命预估以及疲劳可靠度方面发表的论文中也提出,目前对起重机的研究由于没有考虑载荷谱和整个工作循环中不同大小载荷的组合,以典型工况下疲劳点的应力来计算疲劳寿命或疲劳可靠性,具有一定的局限性。

1.3 本书主要工作与章节安排

本书完成的主要工作如下：

(1)针对某型号的起重装备，利用多体系统传递矩阵法建立了刚柔耦合多体系统动力学模型，得出了系统中每个元件的传递矩阵和传递方程并推导出系统的总体传递矩阵和传递方程，建立了起重装备各个元件的动力学方程，根据系统中各个元件的相互关系，将其整合成了系统总体的动力学方程，得到了起重装备的固有频率和对应的系统主振型，以及起重臂所受冲击响应和动应力情况。

(2)通过对起重装备钢结构件所受载荷的研究，结合起重装备结构和作业环境的特殊性，利用ANSYS三维有限元分析技术完成了其强度、刚度分析，并获得了较为满意的结果，为后续改进设计及检修工作提供了非常有价值的参考。

(3)基于疲劳寿命预估理论，得到了起重装备钢结构件寿命预估模型和材料寿命曲线，从而对钢结构件进行了疲劳寿命预估。该方法可以作为在役起重装备钢结构件疲劳寿命预估的定性评判依据，其计算结果对实际设计或检查工作具有重要的借鉴意义。

(4)从Miner累积损伤的定义出发，视累积损伤为随机过程、临界损伤为随机变量，基于疲劳动态可靠性理论，提出了在预期寿命下起重装备钢结构件寿命可靠性评估方法，对其进行了概率分析。

(5)基于形质灵敏度可靠性设计，研究了参数改变对起重臂可靠性的影响，为起重臂的可靠性优化提供了可行的方法。

(6)通过对起重装备进行各种试验检测验证，分析试验数据，判断其是否满足规定的设计使用寿命、安全性、可靠性要求。

(7)对全书的研究工作进行总结，对今后的工作进行展望。

本书章节安排如下：

第1章为绪论；

第2章为武器起重装备的多体动力学模型；

第3章为武器起重装备的动态分析；

第4章为起重装备的疲劳寿命预估；

第5章为武器起重装备的可靠性分析与设计；

第6章为武器起重装备的载荷特性与可靠性试验；

第7章为总结。

第 2 章　武器起重装备的多体动力学模型

多体系统传递矩阵法的总体思路是:“化整为零”,把复杂的多体系统“分割”成若干个元件,将各元件的力学特性用矩阵(就像建筑大楼的砖块)表示,可事先建立好元件的传递矩阵库,用这些“砖块”“拼装”成系统,建成“大楼”。对链式系统,系统的“拼装”仅相当于将这些矩阵相乘,即可求出系统的总传递方程和总传递矩阵。在此基础上,建立起重装备系统中所有元件的动力学方程,根据系统总体的结构特点,将其整合为多体系统总体动力学方程,为第 3 章对起重装备的动态分析奠定基础。

2.1　多体动力学理论

2.1.1　多刚体系统动力学

对于受约束的多体系统,其动力学方程的建立过程是先根据牛顿定理给出自由物体的变分运动方程,再运用拉格朗日乘子定理导出基于约束的多体系统动力学方程。

1. 自由物体的速度、加速度

设一个平面机构由 n 个刚性构件组成。Oxy 为全局坐标系,$O_i'x_i'y_i'$ 为机构上各构件 i 的连体坐标系。选定构件 i 连体坐标系原点 O_i' 的全局坐标 $\boldsymbol{r}_i=[x_i \quad y_i]^{\mathrm{T}}$ 和连体坐标系相对于全局坐标系的转角 ϕ_i 组成构件 i 的笛卡儿广义坐标矢量 $\boldsymbol{q}_i=[x_i \quad y_i \quad \phi_i]^{\mathrm{T}}$,如图 2-1 所示。则系统的广义坐标数 $k=3n$,广义坐标矢量可表示为 $\boldsymbol{q}=[\boldsymbol{q}_1^{\mathrm{T}} \quad \boldsymbol{q}_2^{\mathrm{T}} \quad \cdots \quad \boldsymbol{q}_n^{\mathrm{T}}]^{\mathrm{T}}$。

设表示运动副的约束方程数为 d,则用系统广义坐标矢量表示的运动学约束方程组为

$$\boldsymbol{\Phi}^{\mathrm{K}}(\boldsymbol{q})=[\boldsymbol{\Phi}_1^{\mathrm{K}}(\boldsymbol{q}) \quad \boldsymbol{\Phi}_2^{\mathrm{K}}(\boldsymbol{q}) \quad \cdots \quad \boldsymbol{\Phi}_d^{\mathrm{K}}(\boldsymbol{q})]^{\mathrm{T}}=\boldsymbol{0} \tag{2-1}$$

对于一个有 k 个广义坐标和 d 个独立、相容约束方程的机械系统，若 $k>d$，则系统自由度 DOF 为$(k-d)$。考虑运动学分析，为使系统具有确定的运动，系统实际自由度为零，为系统施加等于自由度$(k-d)$的驱动约束：

$$\boldsymbol{\Phi}^{\mathrm{D}}(\boldsymbol{q},t)=\mathbf{0} \tag{2-2}$$

由式(2－1)、式(2－2) 表示的驱动约束组合成系统所受的全部约束：

$$\boldsymbol{\Phi}(\boldsymbol{q},t)=\begin{bmatrix}\boldsymbol{\Phi}^{\mathrm{K}}(\boldsymbol{q},t)\\ \boldsymbol{\Phi}^{\mathrm{D}}(\boldsymbol{q},t)\end{bmatrix}=\mathbf{0} \tag{2-3}$$

式(2－3) 为 k 个广义坐标的 d 个非线性方程组，它构成了系统的位置方程。求解式(2－3)，就可得到系统在任意时刻的广义坐标位置 $q(t)$。

对式(2－3) 运用链式微分法则求导，得到速度方程：

$$\dot{\boldsymbol{\Phi}}(\boldsymbol{q},\dot{\boldsymbol{q}},t)=\boldsymbol{\Phi}_q(\boldsymbol{q},t)\dot{\boldsymbol{q}}+\boldsymbol{\Phi}_t(\boldsymbol{q},t)=\mathbf{0} \tag{2-4}$$

若令 $\boldsymbol{v}=-\boldsymbol{\Phi}_t(\boldsymbol{q},t)$，则速度方程为

$$\dot{\boldsymbol{\Phi}}(\boldsymbol{q},\dot{\boldsymbol{q}},t)=\boldsymbol{\Phi}_q(\boldsymbol{q},t)\dot{\boldsymbol{q}}-\boldsymbol{v}=\mathbf{0} \tag{2-5}$$

对式(2－5) 运用链式微分法则求导，可得加速度方程：

$$\ddot{\boldsymbol{\Phi}}(\boldsymbol{q},\dot{\boldsymbol{q}},t)=\boldsymbol{\Phi}_q(\boldsymbol{q},t)\ddot{\boldsymbol{q}}[\boldsymbol{\Phi}_q(\boldsymbol{q},t)\dot{\boldsymbol{q}}]\dot{\boldsymbol{q}}+2\boldsymbol{\Phi}_{qt}(\boldsymbol{q},t)\dot{\boldsymbol{q}}+\boldsymbol{\Phi}_{tt}(\boldsymbol{q},t)=\mathbf{0} \tag{2-6}$$

若令 $\eta=-[(\boldsymbol{\Phi}_q\dot{\boldsymbol{q}})_q]\dot{\boldsymbol{q}}-2\boldsymbol{\Phi}_{qt}\dot{\boldsymbol{q}}-\boldsymbol{\Phi}_{tt}$，则加速度方程为

$$\dot{\boldsymbol{\Phi}}(\boldsymbol{q},\dot{\boldsymbol{q}},\ddot{\boldsymbol{q}},t)=\boldsymbol{\Phi}_q(\boldsymbol{q},t)\ddot{\boldsymbol{q}}-\eta(\boldsymbol{q},\dot{\boldsymbol{q}},t) \tag{2-7}$$

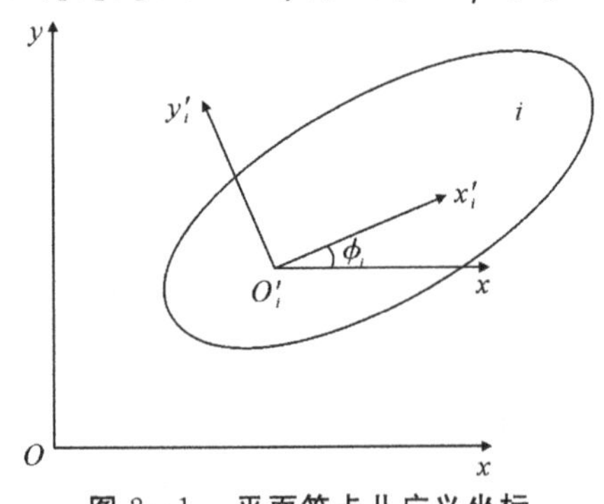

图 2－1　平面笛卡儿广义坐标

2. 自由物体的变分运动方程

对于图 2－1 所示的刚体构件 i，质量为 m_i，定义刚体连体坐标系 $O'_i x'_i y'_i$ 的原点 O' 位于刚体质心，极转动惯量为 J'_i，将作用于刚体的所有外力向质心简化为外力矢量 $\boldsymbol{F}_i$ 和力矩 $\boldsymbol{n}_i$，则该刚体带质心坐标的变分运动方程为

$$\delta\boldsymbol{r}_i^{\mathrm{T}}(m_i\ddot{\boldsymbol{r}}-\boldsymbol{F}_i)+\delta\boldsymbol{\Phi}_i(J'_i\ddot{\boldsymbol{\Phi}}_i-\boldsymbol{n}_i)=0 \tag{2-8}$$

式中：$\boldsymbol{r}_i$ 为固定于刚体质心的连体坐标系原点 O' 的代数矢量；$\boldsymbol{\Phi}_i$ 为连体坐标系

相对于全局坐标系的转角。

图 2-1 为构件 i 定义的广义坐标：

$$\boldsymbol{q}_i = [\boldsymbol{r}_i^{\mathrm{T}} \quad \boldsymbol{\Phi}_i]^{\mathrm{T}} \tag{2-9}$$

定义广义力为

$$\boldsymbol{Q}_i = [\boldsymbol{F}_i^{\mathrm{T}} \quad \boldsymbol{n}_i]^{\mathrm{T}} \tag{2-10}$$

质量矩阵为

$$\boldsymbol{M}_i = \mathrm{diag}(m_i \quad m_i \quad J_i') \tag{2-11}$$

系统驱动约束方程的矩阵形式为

$$\boldsymbol{\Phi}^{\mathrm{D}}(\boldsymbol{q},t) = \boldsymbol{0} \tag{2-12}$$

则可将式(2-12)写作虚功原理的形式：

$$\delta \boldsymbol{r}_i^{\mathrm{T}}(\boldsymbol{M}_i\ddot{\boldsymbol{q}} - \boldsymbol{Q}_i) = 0 \tag{2-13}$$

式(2-13)是连体坐标系原点固定于刚体质心时用广义力表示的刚体变分运动方程。其中广义坐标的选取、广义力及质量矩阵的计算分别按式(2-9)～式(2-11)进行。

3. 约束多体系统的运动方程

考虑由 n 个构件组成的机械系统，对每个构件运用式(2-13)，组合后可得到系统的变分运动方程为

$$\sum_{i=1}^{n} \delta \boldsymbol{q}_i^{\mathrm{T}}(\boldsymbol{M}_i\ddot{\boldsymbol{q}} - \boldsymbol{Q}_i) = 0 \tag{2-14}$$

若组合所有构件的广义坐标矢量、质量矩阵及广义力矢量，构造系统的广义坐标矢量、质量矩阵及广义力矢量为

$$\boldsymbol{q} = [\boldsymbol{q}_1^{\mathrm{T}} \quad \boldsymbol{q}_2^{\mathrm{T}} \quad \cdots \quad \boldsymbol{q}_n^{\mathrm{T}}]^{\mathrm{T}} \tag{2-15}$$

$$\boldsymbol{M} = \mathrm{diag}(\boldsymbol{M}_1 \quad \boldsymbol{M}_2 \quad \cdots \quad \boldsymbol{M}_n) \tag{2-16}$$

$$\boldsymbol{Q} = [\boldsymbol{Q}_1^{\mathrm{T}} \quad \boldsymbol{Q}_2^{\mathrm{T}} \quad \cdots \quad \boldsymbol{Q}_n^{\mathrm{T}}]^{\mathrm{T}} \tag{2-17}$$

则系统的变分运动方程为

$$\delta \boldsymbol{q}^{\mathrm{T}}(\boldsymbol{M}_i\ddot{\boldsymbol{q}} - \boldsymbol{Q}) = \boldsymbol{0} \tag{2-18}$$

在一个系统中，若只考虑理想运动副约束，则作用在系统所有构件上的约束力总虚功为零，若将作用于系统的广义外力表示为

$$\boldsymbol{Q}^{A} = [\boldsymbol{Q}_1^{A\mathrm{T}} \quad \boldsymbol{Q}_2^{A\mathrm{T}} \quad \cdots \quad \boldsymbol{Q}_n^{A\mathrm{T}}]^{\mathrm{T}} \tag{2-19}$$

其中

$$\boldsymbol{Q}_i^{A} = [\boldsymbol{F}_i^{A\mathrm{T}} \quad \boldsymbol{n}^{A}]^{\mathrm{T}}, \quad i = 1,2,\cdots,n \tag{2-20}$$

则理想约束情况下的系统变分运动方程为

$$\delta\boldsymbol{q}^{\mathrm{T}}(\boldsymbol{M}_i\ddot{\boldsymbol{q}}-\boldsymbol{Q}^A)=\boldsymbol{0} \tag{2-21}$$

式中虚位移与作用在系统上的约束是一致的。

系统运动学约束和驱动约束的组合为

$$\boldsymbol{\Phi}(\boldsymbol{q},t)=\boldsymbol{0} \tag{2-22}$$

在动力学分析中，系统约束方程的维数不需要与系统广义坐标维数相等，如果令 $P=3n$，则 $\boldsymbol{q}\in\mathbf{R}^p$，$\boldsymbol{\Phi}\in\mathbf{R}^m$，且 $m<p$。

对式(2-22)微分得到其变分形式为

$$\boldsymbol{\Phi}_q\delta\boldsymbol{q}=\boldsymbol{0} \tag{2-23}$$

式(2-21)和式(2-23)组成受约束的机械系统的变分运动方程。

为导出约束机械系统变分运动方程易于应用的形式，运用拉格朗日乘子定理对式(2-21)和式(2-23)进行处理。在式(2-21)和式(2-23)中，$q\in\mathbf{R}^P$，$\boldsymbol{M}\in\mathbf{R}^{p\times p}$，$\boldsymbol{Q}^A\in\mathbf{R}^p$，$\boldsymbol{\Phi}_q\in\mathbf{R}^{m\times p}$，则存在拉格朗日乘子矢量 $\boldsymbol{\lambda}\in\mathbf{R}^m$，对于任意的 $\delta\boldsymbol{q}$ 应满足：

$$[\boldsymbol{M}\ddot{\boldsymbol{q}}-\boldsymbol{Q}^A]^{\mathrm{T}}\delta\boldsymbol{q}+\boldsymbol{\lambda}^{\mathrm{T}}\boldsymbol{\Phi}_q\delta\boldsymbol{q}=[\boldsymbol{M}\ddot{\boldsymbol{q}}+\boldsymbol{\Phi}_q^{\mathrm{T}}\boldsymbol{\lambda}-\boldsymbol{Q}^A]^{\mathrm{T}}\delta\boldsymbol{q}=\boldsymbol{0} \tag{2-24}$$

由此得到运动方程的拉格朗日乘子形式：

$$\boldsymbol{M}\ddot{\boldsymbol{q}}+\boldsymbol{\Phi}_q^{\mathrm{T}}\boldsymbol{\lambda}=\boldsymbol{Q}^A \tag{2-25}$$

式(2-25)还必须满足式(2-3)、式(2-4)和式(2-7)表示的位置约束方程、速度约束方程及加速度约束方程，如下：

$$\boldsymbol{\Phi}(\boldsymbol{q},t)=\boldsymbol{0} \tag{2-26}$$

$$\dot{\boldsymbol{\Phi}}(\boldsymbol{q},\dot{\boldsymbol{q}},t)=\boldsymbol{\Phi}_q(\boldsymbol{q},t)\dot{\boldsymbol{q}}-\boldsymbol{v}=\boldsymbol{0},\ \boldsymbol{v}=-\boldsymbol{\Phi}_t(\boldsymbol{q},t) \tag{2-27}$$

$$\ddot{\boldsymbol{\Phi}}(\boldsymbol{q},\dot{\boldsymbol{q}},\ddot{\boldsymbol{q}},t)=\boldsymbol{\Phi}_q(\boldsymbol{q},t)\ddot{\boldsymbol{q}}-\eta(\boldsymbol{q},\dot{\boldsymbol{q}},t)$$

$$\eta=-[(\boldsymbol{\Phi}_q\dot{\boldsymbol{q}})_q]\dot{\boldsymbol{q}}-2\boldsymbol{\Phi}_{qt}\dot{\boldsymbol{q}}-\boldsymbol{\Phi}_{tt} \tag{2-28}$$

式(2-26)～式(2-28)维数同式(2-23)。

式(2-25)～式(2-28)组成约束机械系统的完整的运动方程。

将式(2-25)与式(2-28)联立表示为矩阵形式：

$$\begin{bmatrix}\boldsymbol{M} & \boldsymbol{\Phi}_q^{\mathrm{T}}\\ \boldsymbol{\Phi}_q & 0\end{bmatrix}\begin{bmatrix}\ddot{\boldsymbol{q}}\\ \boldsymbol{\lambda}\end{bmatrix}=\begin{bmatrix}\boldsymbol{Q}^A\\ \eta\end{bmatrix} \tag{2-29}$$

式(2-29)即为多体系统动力学中最重要的动力学运动方程，被称为欧拉-拉格朗日方程(Euler-Lagrange Equation)。

在实际数值迭代求解过程中，需要给定初始条件，包括位置初始条件 $q(t_0)$ 和速度初始条件求 $\dot{q}(t_0)$。此时，如果要使运动方程有解，还需要满足初值相容条件。对于由式(2-26)～式(2-28)确定的系统动力学方程，初值相容

条件为

$$\boldsymbol{\Phi}[q(t_0),t_0]=\mathbf{0} \tag{2-30}$$

$$\dot{\boldsymbol{\Phi}}[q(t_0),\dot{q}(t_0),t_0]=\boldsymbol{\Phi}_q[q(t_0),t_0]\dot{q}(t_0)-\boldsymbol{v}_0=\mathbf{0} \tag{2-31}$$

2.1.2　多柔体系统动力学

1. 柔性体上任意点的位置矢量、速度和加速度

柔性体系统中的坐标系如图 2-2 所示，包括惯性坐标系 $Oxyz$ 和动坐标系 $O'x'y'z'$。前者不随时间而变化，后者建立在柔性体上，用于描述柔性体的运动。柔性体是变形体，各点的相对位置时刻都在变化，因此，引入动坐标系来描述柔性体上各点相对动坐标系统的变形。动坐标系可以相对惯性坐标系进行有限的移动和转动。动坐标系在惯性坐标系中的坐标（移动、转动）称为参考坐标。柔性体变形模型如图 2-3 所示。

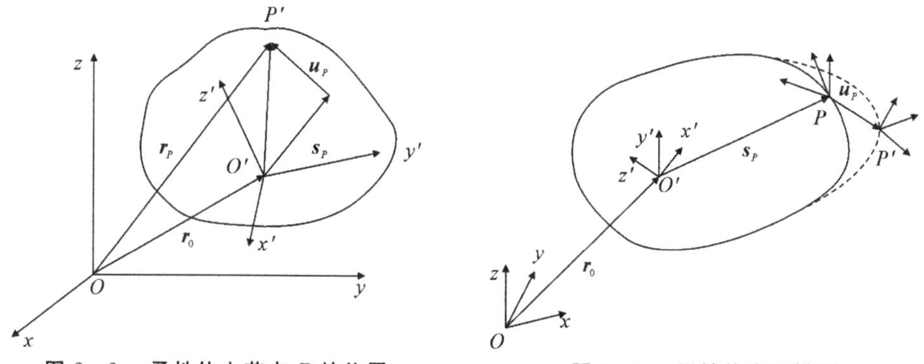

图 2-2　柔性体上节点 P 的位置　　　图 2-3　柔性体变形模型

复杂的刚体平面运动分解为几种简单的运动。这种分析方法在柔性体，尤其是在小变形的情况下也同样适用。

柔性体上任意一点 P，其位置矢量为

$$\boldsymbol{r}_P=\boldsymbol{r}_0+\boldsymbol{A}(\boldsymbol{s}_P+\boldsymbol{u}_P) \tag{2-32}$$

式中：$\boldsymbol{r}_P$ 为 P 点在惯性坐标系中的矢量；$\boldsymbol{r}_0$ 为浮动坐标系原点在惯性坐标系中的矢量；$\boldsymbol{A}$ 为方向余弦矩阵；$\boldsymbol{s}_P$ 为柔性体未变形时 P 点在浮动坐标系中的矢量；$\boldsymbol{u}_P$ 为相对变形矢量。

对于点 P，该单元的变形采用模态坐标来描述，有

$$\boldsymbol{u}_P=\boldsymbol{\Phi}_P\boldsymbol{q}_f \tag{2-33}$$

式中：$\boldsymbol{\Phi}_P$ 为点 P 的假设变形模态矩阵；$\boldsymbol{q}_f$ 为变形的广义坐标。

柔性体上任一点 P 的速度矢量及加速度矢量可以通过对式(2－32)求时间一阶导数和二阶导数得到，即

$$\dot{\boldsymbol{r}}_P = \dot{\boldsymbol{r}}_0 + \dot{\boldsymbol{A}}(\boldsymbol{s}_P + \boldsymbol{u}_P) + \boldsymbol{A}\boldsymbol{\Phi}_P\dot{\boldsymbol{q}}_f \tag{2-34}$$

$$\ddot{\boldsymbol{r}}_P = \ddot{\boldsymbol{r}}_0 + \ddot{\boldsymbol{A}}(\boldsymbol{s}_P + \boldsymbol{u}_P) + 2\dot{\boldsymbol{A}}\boldsymbol{\Phi}_P\dot{\boldsymbol{q}}_f + \boldsymbol{A}\boldsymbol{\Phi}_P\ddot{\boldsymbol{q}}_f \tag{2-35}$$

2. 多柔体系统动力学方程的建立

(1) 单点力与扭矩。力和扭矩以矩阵的形式写出，在标记点 K 的局部坐标系下表示为

$$\boldsymbol{F}_K = [f_x \quad f_y \quad f_z]^{\mathrm{T}},\ \boldsymbol{T}_K = [t_x \quad t_y \quad t_z]^{\mathrm{T}} \tag{2-36}$$

广义力 $\boldsymbol{Q}$ 由广义平动力、广义扭矩和广义模态力组成，可表示为

$$\boldsymbol{Q} = [\boldsymbol{Q}_T \quad \boldsymbol{Q}_R \quad \boldsymbol{Q}_M]^{\mathrm{T}} \tag{2-37}$$

平动坐标下的广义力可以通过转换单点力 $\boldsymbol{F}_K$ 到全局坐标系 $O'x'y'z'$ 下来获得，即

$$\boldsymbol{Q}_T = \boldsymbol{A}\boldsymbol{F}_K \tag{2-38}$$

式中:$\boldsymbol{A}$ 为标记点 K 上的坐标系相对于全局坐标的欧拉角变换矩阵。

设 $\boldsymbol{P}$ 为从局部坐标系 $O'x'y'z'$ 到受力点处的位移矢量，则作用在柔性体标记点处的合力矩，可用相对于全局坐标的矢量矩阵表达为

$$\boldsymbol{T}_{\mathrm{tot}} = \boldsymbol{A}\boldsymbol{T}_K + \boldsymbol{P}\boldsymbol{A}\boldsymbol{F}_K \tag{2-39}$$

将物理坐标系下的力矩向基于欧拉角的坐标系转换，并利用式

$$\boldsymbol{\omega}_B = \boldsymbol{B}\dot{\boldsymbol{\Psi}}$$

式中:$\boldsymbol{B}$ 为局部坐标系点相对于全局坐标系的转换矩阵，即方向余弦阵。可得广义合力矩为

$$\boldsymbol{Q}_R = [\boldsymbol{A}\boldsymbol{B}]^{\mathrm{T}}[\boldsymbol{A}\boldsymbol{T}_K + \boldsymbol{P}\boldsymbol{A}\boldsymbol{F}_K] \tag{2-40}$$

通过投影单点力和单点力矩到模态坐标上，可得到 P 点处的广义模态力为

$$\boldsymbol{Q}_F = \boldsymbol{\Phi}_P^{\mathrm{T}}\boldsymbol{F}_I + \boldsymbol{\Phi}_P^{*\mathrm{T}}\boldsymbol{T}_I \tag{2-41}$$

式中:$\boldsymbol{\Phi}_P$ 和 $\boldsymbol{\Phi}_P^*$ 分别为对应于节点 P 处的平动和转动自由度的模态斜方阵。

(2) 分布式载荷。通常运用有限元法分析物体运动时，通过组集有限单元运动方程，得到物体整体运动方程

$$\boldsymbol{M}\ddot{\boldsymbol{x}} + \boldsymbol{K}\boldsymbol{x} = \boldsymbol{F} \tag{2-42}$$

式中:$\boldsymbol{M}$ 为柔性体上有限单元的质量矩阵;$\boldsymbol{K}$ 为柔性体上有限单元的刚度矩阵;$\boldsymbol{x}$ 为节点的自由度矢量;$\boldsymbol{F}$ 为节点的载荷矢量。

利用模态矩阵 $\boldsymbol{\Phi}$ 将式(2－11)转换到模态坐标 $\boldsymbol{q}$ 下，有

$$\boldsymbol{\Phi}^{\mathrm{T}}\boldsymbol{M}\boldsymbol{\Phi}\ddot{\boldsymbol{q}}+\boldsymbol{\Phi}^{\mathrm{T}}\boldsymbol{M}\boldsymbol{K}\boldsymbol{\Phi}\boldsymbol{q}=\boldsymbol{\Phi}^{\mathrm{T}}\boldsymbol{F} \tag{2-43}$$

式(2－43)可简化为

$$\hat{\boldsymbol{M}}\ddot{\boldsymbol{q}}+\hat{\boldsymbol{K}}\boldsymbol{q}=\boldsymbol{f} \tag{2-44}$$

式中：$\hat{\boldsymbol{M}}$ 为广义质量；$\hat{\boldsymbol{K}}$ 为刚度矩阵；$\boldsymbol{f}$ 为模态载荷矢量。

节点力矢量在模态坐标上的投影为

$$\boldsymbol{f}=\boldsymbol{\Phi}^{\mathrm{T}}\boldsymbol{F} \tag{2-45}$$

3. 多柔体系统的能量

(1) 动能和质量矩阵。结合节点 P 变形前后的位置、方向和模态，柔性体的广义坐标可以表示为

$$\boldsymbol{\xi}=[x\quad y\quad z\quad \Psi\quad \theta\quad \varphi\quad q_i]^{\mathrm{T}}=[\boldsymbol{r}\quad \Psi\quad \boldsymbol{q}]^{\mathrm{T}}\quad (i=1,\cdots,M) \tag{2-46}$$

速度表达式(2－46)对广义坐标的时间导数表示为

$$\boldsymbol{v}_P=[\boldsymbol{I}\quad -\boldsymbol{A}(\boldsymbol{s}_P+\boldsymbol{u}_P)\boldsymbol{B}\quad \boldsymbol{A}\boldsymbol{\Phi}_P]\dot{\boldsymbol{\xi}} \tag{2-47}$$

柔性体的动能为

$$\boldsymbol{T}=\frac{1}{2}\int_V\rho\boldsymbol{v}^{\mathrm{T}}\boldsymbol{v}\mathrm{d}V\approx\frac{1}{2}\sum_p m_P\boldsymbol{v}_P^{\mathrm{T}}\boldsymbol{v}_P+\boldsymbol{\omega}_P^{GB\mathrm{T}}\boldsymbol{I}_P\boldsymbol{\omega}_P^{GB} \tag{2-48}$$

式中：m_P 为节点 P 的节点质量；$\boldsymbol{I}_P$ 为节点 P 惯性张量；$\boldsymbol{\omega}_P^{GB}$ 为点 B 相对于全局坐标系的角速度在局部坐标系中的斜方阵，表示为

$$\boldsymbol{\omega}_P^{GB}=\boldsymbol{B}_P\dot{\Psi}$$

将式(2－47)和关系式 $\boldsymbol{\omega}_P=\boldsymbol{B}_P\Psi$ 代入式(2－48)，得到动能的广义表达式为

$$\boldsymbol{T}=\frac{1}{2}\dot{\boldsymbol{\xi}}\boldsymbol{M}(\boldsymbol{\xi})\dot{\boldsymbol{\xi}} \tag{2-49}$$

式中：$\boldsymbol{M}(\boldsymbol{\xi})$ 为质量矩阵，表示为

$$\boldsymbol{M}(\boldsymbol{\xi})=\begin{bmatrix}\boldsymbol{M}_{tt} & \boldsymbol{M}_{tr} & \boldsymbol{M}_{tm}\\ \boldsymbol{M}_{tr}^{\mathrm{T}} & \boldsymbol{M}_{rr} & \boldsymbol{M}_{rm}\\ \boldsymbol{M}_{tm}^{\mathrm{T}} & \boldsymbol{M}_{rm}^{\mathrm{T}} & \boldsymbol{M}_{mm}\end{bmatrix} \tag{2-50}$$

其中下标 t,r,m 分别表示平动、旋转和模态自由度。

(2) 势能和刚度矩阵。势能一般分为重力势能和弹性势能两部分，可用下列二次项表示：

$$\boldsymbol{W}=\boldsymbol{W}_g(\boldsymbol{\xi})+\frac{1}{2}\boldsymbol{\xi}^{\mathrm{T}}\boldsymbol{K}\boldsymbol{\xi} \tag{2-51}$$

式中：$\boldsymbol{K}$ 为对应于模态坐标 $\boldsymbol{q}$ 的结构部件的广义刚度矩阵。

重力势能 $\boldsymbol{W}_g$ 可表示为

$$\boldsymbol{W}_g = \int_W \rho \boldsymbol{r}_P g \, \mathrm{d}\boldsymbol{W} = \int_W \rho [\boldsymbol{r}_B + \boldsymbol{A}(\boldsymbol{s}_P + \boldsymbol{\Phi}_P \boldsymbol{q})]^{\mathrm{T}} g \mathrm{d}\boldsymbol{W} \tag{2-52}$$

(3) 能量损失和阻尼矩阵。阻尼力依赖于广义模态速度并可以从下列二次项中推导得出：

$$\boldsymbol{\Gamma} = \frac{1}{2} \dot{\boldsymbol{q}}^{\mathrm{T}} \boldsymbol{D} \dot{\boldsymbol{q}} \tag{2-53}$$

式(2-53)称为 Rayleigh 能量损耗函数。矩阵 $\boldsymbol{D}$ 包含阻尼系数 d_{ij}，它是常值对称阵。

4. 多柔体动力学方程

$\boldsymbol{L}$ 为拉格朗日项，定义为 $\boldsymbol{L} = \boldsymbol{T} - \boldsymbol{W}$，$\boldsymbol{T}$ 和 $\boldsymbol{W}$ 分别表示动能和势能，$\boldsymbol{\Gamma}$ 表示能量损耗函数，则柔性体的运动方程从下列拉格朗日方程导出：

$$\left.\begin{aligned} &\frac{\mathrm{d}}{\mathrm{d}t}\left(\frac{\partial \boldsymbol{L}}{\partial \boldsymbol{\xi}}\right) - \frac{\partial \boldsymbol{L}}{\partial \boldsymbol{\xi}} + \frac{\partial \boldsymbol{\Gamma}}{\partial \boldsymbol{\xi}} + \left[\frac{\partial \boldsymbol{\Psi}}{\partial \boldsymbol{\xi}}\right]^{\mathrm{T}} \lambda - \boldsymbol{Q} = \boldsymbol{0} \\ &\boldsymbol{\Psi} = \boldsymbol{0} \end{aligned}\right\} \tag{2-54}$$

式中：$\boldsymbol{\Psi}$ 为约束方程；λ 为拉格朗日乘子(与约束方程对应)；$\boldsymbol{\xi}$ 为广义坐标；$\boldsymbol{Q}$ 为广义力。

将求得的 $\boldsymbol{T}, \boldsymbol{W}, \boldsymbol{\Gamma}$ 代入式(2-54)，得到最终的运动微分方程为

$$\boldsymbol{M}\ddot{\boldsymbol{\xi}} + \dot{\boldsymbol{M}}\ddot{\boldsymbol{\xi}} - \frac{1}{2}\left[\frac{\partial \boldsymbol{M}}{\partial \boldsymbol{\xi}}\dot{\boldsymbol{\xi}}\right]^{\mathrm{T}} \dot{\boldsymbol{\xi}} + \boldsymbol{K}\boldsymbol{\xi} + \boldsymbol{f}_g + \boldsymbol{D}\dot{\boldsymbol{\xi}} + \left[\frac{\partial \boldsymbol{\Psi}}{\partial \boldsymbol{\xi}}\right]^{\mathrm{T}} \lambda = \boldsymbol{Q} \tag{2-55}$$

式中：$\boldsymbol{\xi}, \dot{\boldsymbol{\xi}}, \ddot{\boldsymbol{\xi}}$ 为柔性体的广义坐标及其时间导数；$\boldsymbol{M}, \dot{\boldsymbol{M}}$ 为柔性体的质量矩阵及其对时间的导数；$\dfrac{\partial \boldsymbol{M}}{\partial \boldsymbol{\xi}}$ 为质量矩阵对柔性体广义坐标的偏导数。

2.2 名词与符号说明

(1) 所有引进的参考系均以直角坐标系表示。坐标系之间的方位关系用方向余弦矩阵来描述。同一点在不同坐标系中的直角坐标数值均用矩阵表示法标记，并用黑斜体字母表示矢量、矩阵。除特别声明外，凡元素为单数组均表示为列阵，而它的行阵取其转置。

(2) 任何刚体、弹性体、集中质量等均称为“体”，“体”与“体”之间的任何联接关系均称为“铰”(包括弹性铰、光滑铰、滑移铰等)。“铰”不计质量，其质量全部归入相邻的“体”中。“体”和“铰”统称为力学元件，简称“元件”，并统一编号。

(3) 用带有下标的大写黑斜体字母 $\boldsymbol{Z}_{k,j}$ 表示模态坐标下铰接点 (k,j) 的状态矢量，第1个下标 k 表示体的序号，第2个下标 j 表示铰的序号。状态矢量 $\boldsymbol{Z}_{k,j}=[X\ Y\ Z\ \Theta_x\ \Theta_y\ \Theta_z\ M_x\ M_y\ M_z\ Q_x\ Q_y\ Q_z]^{\mathrm{T}}_{(k,j)}$ 中的元素，分别为描述元件铰接点的线位移、角位移、内力矩(不包括阻尼力矩) 和内力(不包括阻尼力) 的 x,y,z 分量对应的模态坐标。

(4) $\boldsymbol{Z}_{i-i+k,j-j+k}$ 表示多个输入端、输出端元件的 $k+1$ 个铰接点 (i,j)，$(i+1,j+1)$，…，$(i+k,j+k)$ 的状态矢量，$\boldsymbol{Z}_{i,j-j+k}$ 表示同一体元件的 $k+1$ 个铰接点 (i,j)，$(i,j+1)$，…，$(i,j+k)$ 的状态矢量。$\boldsymbol{M}_{j-j+k}$ 和 $\boldsymbol{K}_{j-j+k}$ 分别表示 $k+1$ 个体 $j,j+1,\cdots,j+k$ 组成的子系统的参数矩阵。

(5) 讨论单个体元件时，为叙述和书写方便、直观，用带有下标的大写黑斜体字母 $\boldsymbol{Z}_I$ 和 $\boldsymbol{Z}_O$ 分别表示输入端和输出端的状态矢量。

(6) 用 $q^d_{xj},q^d_{yj},q^d_{zj}$ 表示第 j 点所受阻尼力在惯性系中的坐标，$Q^d_{xj},Q^d_{yj},Q^d_{zj}$ 表示第 j 点所受阻尼力对应的模态坐标，$m^d_{xj},m^d_{yj},m^d_{zj}$ 表示第 j 点所受阻尼力矩在惯性系中的坐标，$M^d_{xj},M^d_{yj},M^d_{zj}$ 表示第 j 点所受阻尼力矩对应的模态坐标，用 $q^i_{xj},q^i_{yj},q^i_{zj}$ 表示第 j 点所受系统内力在惯性系中的坐标，$Q^i_{xj},Q^i_{yj},Q^i_{zj}$ 表示第 j 点所受系统内力对应的模态坐标，$m^i_{xj},m^i_{yj},m^i_{zj}$ 表示第 j 点所受系统内力矩在惯性系中的坐标，$M^i_{xj},M^i_{yj},M^i_{zj}$ 表示第 j 点所受系统内力矩对应的模态坐标。

(7) 用带有下标的大写黑斜体字母 $\boldsymbol{U}_j$ 表示传递矩阵，j 表示元件的序号；传递矩阵中的块矩阵用带有块序号下标的大写黑斜体字母 $\boldsymbol{U}_{kj}$ 表示，其中 k 代表行的序号，j 代表列的序号；传递矩阵中的元素用带有序号下标的小写字母 u_{kj} 表示，其中 k 代表行的序号，j 代表列的序号。矩阵 $\underset{a\times b}{\boldsymbol{U}}$ 下方的 $a\times b$ 表示该矩阵有 a 行 b 列，有时省 $\boldsymbol{U}$ 下方的 $a\times b$。

(8) 用大写黑斜体字母 $\boldsymbol{V}$ 表示系统的增广特征矢量，对应的物理坐标列阵用小写黑斜体字母 $\boldsymbol{v}$ 表示，下标 t 表示对 t 求1阶导数，下标 tt 表示对 t 求2阶导数。v_j、V_j 的下标表示体的序号为 j，同时隐含了体 j (第一) 输入端的空间坐标；v_{j-k}、V_{j-k} 的下标表示 $j,j+1,\cdots,k$ 个体的序号，同时隐含了 $j,j+1,\cdots,k$ 个体的空间坐标。广义坐标用带有阿拉伯数字上标的小写字母 $q^j\ (j=1,2,\cdots)$ 表示。用大写黑斜体字母 $\boldsymbol{I}_n$ 表示 n 阶单位矩阵。用大写黑斜体字母 $\boldsymbol{O}_{m\times n}$ 表示 $m\times n$ 零矩阵。用 $\boldsymbol{f}$ 表示第 j 个元件受到的系统外力列阵，用 $\boldsymbol{F}$ 表示系统外力列阵。

(9) 输入端和输出端分别用 I_j (Input) 和 O_j (Output) 表示，下标 j 表示对应点的序号。用 $\boldsymbol{r}_{I_j}=[x_j\ y_j\ z_j]^{\mathrm{T}}_I$ 表示 I_j 点相对于其平衡位置的线位移在惯性系中的坐标列阵，用 $\boldsymbol{R}_{I_j}=[X_j\ Y_j\ Z_j]^{\mathrm{T}}_I$ 表示与 I_j 点线位移 $\boldsymbol{r}_{I_j}$ 对应的模态坐标列阵，$\theta_{I_j}=[\theta_{xj}\ \theta_{yj}\ \theta_{zj}]^{\mathrm{T}}_I$ 表示 I_j 点相对于其平衡位置的角位移在惯性系中的坐标列

阵，$\boldsymbol{\Theta}_{I_j}=[\Theta_{xj}\ \Theta_{yj}\ \Theta_{zj}]_I^{\mathrm{T}}$ 表示与 I_j 点角位移 $\boldsymbol{\theta}_{I_j}$ 对应的模态坐标列阵，$\boldsymbol{q}_{I_j}=[q_{xj}\ q_{yj}\ q_{zj}]_I^{\mathrm{T}}$ 表示 I_j 点系统内力（不包括阻尼力）在惯性系中的坐标列阵，$\boldsymbol{Q}_{I_j}=[Q_{xj}\ Q_{yj}\ Q_{zj}]_I^{\mathrm{T}}$ 表示与 I_j 点系统内力 $\boldsymbol{q}_{I_j}$ 对应的模态坐标列阵，$\boldsymbol{m}_{I_j}=[m_{xj}\ m_{yj}\ m_{zj}]_I^{\mathrm{T}}$ 表示 I_j 点系统内力矩（不包括阻尼力矩）在惯性系中的坐标列阵，$\boldsymbol{M}_{I_j}=[M_{xj}\ M_{yj}\ M_{zj}]_I^{\mathrm{T}}$ 表示 I_j 点处系统内力矩 $\boldsymbol{m}_{I_j}$ 对应的模态坐标列阵。小写字母 $x,y,z,\theta_x,\theta_y,\theta_z,m_x,m_y,m_z,q_x,q_y,q_z$ 表示在惯性系中的物理坐标。大写字母 $X,Y,Z,\Theta_x,\Theta_y,\Theta_z,M_x,M_y,M_z,Q_x,Q_y,Q_z$ 分别表示对应于物理坐标 $x,y,z,\theta_x,\theta_y,\theta_z,m_x,m_y,m_z,q_x,q_y,q_z$ 的模态坐标。输出端 O_j 相关参量的定义相同。

(10) 正向约定：每一点在直角坐标系中的位移 x,y,z 及转角 $\theta_x,\theta_y,\theta_z$ 沿坐标轴 x,y,z 方向为正。输入端的力沿坐标轴方向为正，力矩逆坐标轴方向为正；输出端的力逆坐标轴方向为正，力矩沿坐标轴方向为正。

因此振动线性时不变系统的物理坐标可用模态坐标表示为

$$\boldsymbol{r}_{\alpha j}=\boldsymbol{R}_{\alpha j}\mathrm{e}^{\mathrm{i}\omega t}$$

$$\boldsymbol{\theta}_{\alpha j}=\boldsymbol{\Theta}_{\alpha j}\mathrm{e}^{\mathrm{i}\omega t}$$

$$\boldsymbol{q}_{\alpha j}=\boldsymbol{Q}_{\alpha j}\mathrm{e}^{\mathrm{i}\omega t}$$

$$\boldsymbol{m}_{\alpha j}=\boldsymbol{M}_{\alpha j}\mathrm{e}^{\mathrm{i}\omega t}$$

$$\frac{\mathrm{d}}{\mathrm{d}t}\boldsymbol{r}_{\alpha j}=\mathrm{i}\omega\boldsymbol{R}_{\alpha j}\mathrm{e}^{\mathrm{i}\omega t}$$

$$\frac{\mathrm{d}}{\mathrm{d}t}\boldsymbol{\theta}_{\alpha j}=\mathrm{i}\omega\boldsymbol{\Theta}_{\alpha j}\mathrm{e}^{\mathrm{i}\omega t}$$

$$\frac{\mathrm{d}}{\mathrm{d}t}\boldsymbol{q}_{\alpha j}=\mathrm{i}\omega\boldsymbol{Q}_{\alpha j}\mathrm{e}^{\mathrm{i}\omega t}$$

$$\frac{\mathrm{d}}{\mathrm{d}t}\boldsymbol{m}_{\alpha j}=\mathrm{i}\omega\boldsymbol{M}_{\alpha j}\mathrm{e}^{\mathrm{i}\omega t}$$

2.3 多体动力学建模

2.3.1 刚体传递矩阵

刚体传递矩阵的推导过程为：建立刚体两端位移的几何关系，用运动微分方程建立刚体两端内力之间模态坐标描述的关系式，将关系式按状态矢量定义形式写为矩阵形式。

1. 平面振动刚体

图 2－4 所示为一端输入、一端输出平面振动的刚体，其质量为 m，在以输入

点 I 为坐标原点的连体系中，J_I 为刚体相对于点 I 的转动惯量，输出点 O 的坐标为(b_1,b_2)，质心 C 的坐标为(c_{c1},c_{c2})。

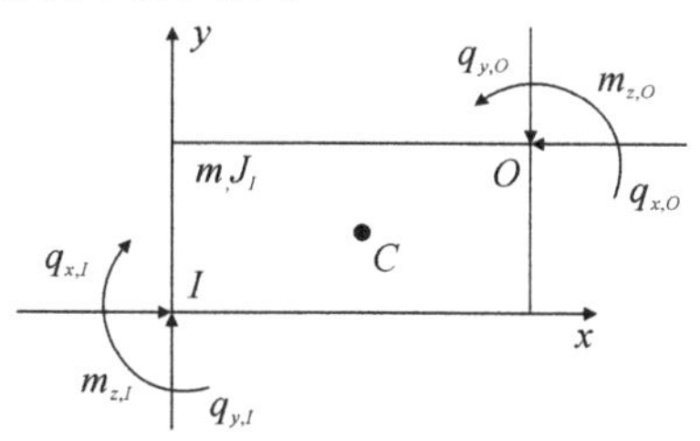

图 2-4　一端输入、一端输出平面振动的刚体

在惯性系 Ixy 中，根据输出点 O 与输入点 I 的几何关系，输出点 O 的转角与输入点 I 的转角相同，即 $\theta_{z,O}=\theta_{z,I}$，输出点 O 的位移为

$$\left.\begin{aligned}x_O &= x_1 - b_2\sin\theta_{z,I} - b_1(1-\cos\theta_{z,I})\\ y_O &= y_1 + b_1\sin\theta_{z,I} - b_2(1-\cos\theta_{z,I})\end{aligned}\right\}\tag{2-56}$$

当刚体转动角度很小时，$|\theta_{z,I}|\ll 1$，$\sin\theta_{z,I}\approx\theta_{z,I}$，$\cos\theta_{z,I}\approx 1$，所以有

$$x_O = x_1 - b_2\theta_{z,I},\quad y_O = y_1 + b_1\theta_{z,I},\quad \theta_{z,O}=\theta_{z,I}\tag{2-57}$$

对系统自由振动，根据质心运动定理和活动矩心绝对动量矩定理，略去与小量 $\theta_{z,I}$ 的乘积项及与 $\theta_{z,I}^2$ 的乘积项，有动力学方程：

$$\left.\begin{aligned}q_{x,O}\,q_{x,I} &= m\ddot{x}_c = m(\ddot{x}_I - c_{c2}\ddot{\theta}_{z,I})\\ q_{y,O}\,q_{y,I} &= m\ddot{y}_c = m(\ddot{y}_I + c_{c1}\ddot{\theta}_{z,I})\\ J_I\ddot{\theta}_{z,I} &= m_{z,O} - m_{z,I} + b_2 q_{x,O} - b_1 q_{y,O} - mc_{c1}\ddot{y}_I + mc_{c2}\ddot{x}_I\end{aligned}\right\}\tag{2-58}$$

整理式(2-58)得

$$\left.\begin{aligned}q_{x,O} &= q_{x,I} - m\ddot{x}_I + mc_{c2}\ddot{\theta}_{z,I}\\ q_{y,O} &= q_{y,I} - m\ddot{y}_I - mc_{c1}\ddot{\theta}_{z,I}\\ m_{z,O} &= m_{z,I} + m(b_2 - c_{c2})\ddot{x}_I - m(b_1 - c_{c1})\ddot{y}_I +\\ &\quad [J_I - m(b_2c_{c2} + b_1c_{c1})]\ddot{\theta}_{z,I} - b_2 q_{x,I} + b_1 q_{y,I}\end{aligned}\right\}\tag{2-59}$$

定义物理坐标下输入点 I 与输出点 O 的状态矢量为

$$\boldsymbol{z}_I = [x\ y\ \theta_z\ q_x\ q_y]_I^{\mathrm{T}},\quad \boldsymbol{z}_O = [x\ y\ \theta_z\ q_x\ q_y]_O^{\mathrm{T}}\tag{2-60}$$

则系统自由振动时有

$$\boldsymbol{z}_I = \boldsymbol{Z}_I\mathrm{e}^{\mathrm{i}\omega t},\quad \boldsymbol{z}_O = \boldsymbol{Z}_O\mathrm{e}^{\mathrm{i}\omega t}\tag{2-61}$$

式中：ω 为系统的固有频率；$\boldsymbol{Z}_I$ 与 $\boldsymbol{Z}_O$ 分别为模态坐标下输入点 I 与输出点 O 的状态矢量：

$$\boldsymbol{Z}_I = [X\ Y\ \theta_z\ M_z\ Q_x\ Q_y]_I^{\mathrm{T}},\quad \boldsymbol{Z}_O = [X\ Y\ \theta_z\ M_z\ Q_x\ Q_y]_O^{\mathrm{T}}\tag{2-62}$$

联立式(2-57)和式(2-59)，并利用式(2-61)和式(2-62)得

$$
\left.\begin{aligned}
&X_O = X_1 - b_2\theta_{z,I}\\
&Y_O = Y_1 + b_1\theta_{z,I}\\
&\theta_{z,O} = \theta_{z,I}\\
&M_{z,O} = M_{z,i} - m\omega^2(b_2 - c_{c2})X_1 + m\omega^2(b_1 - c_{c1})Y_1 -\\
&\qquad \omega^2[J_I - m(b_2c_{c2} + b_1c_{c1})]\theta_{z,I} - b_2Q_{x,I} + b_1Q_{y,I}\\
&Q_{x,O} = Q_{x,I} + m\omega^2X_I - m\omega^2c_{c2}\theta_{z,I}\\
&Q_{y,O} = Q_{y,I} + m\omega^2Y_I + m\omega^2c_{c2}\theta_{z,I}
\end{aligned}\right\} \tag{2-63}
$$

将式(2-63)写为矩阵形式：

$$
\boldsymbol{Z}_0 = \boldsymbol{U}\boldsymbol{Z}_I \tag{2-64}
$$

式中：$\boldsymbol{U}$ 称为一端输入、一端输出平面振动刚体传递矩阵。

$$
\boldsymbol{U} = \begin{bmatrix}
1 & 0 & -b_2 & 0 & 0 & 0\\
0 & 1 & b_1 & 0 & 0 & 0\\
0 & 0 & 1 & 0 & 0 & 0\\
-m\omega^2(b_2 - c_{c2}) & m\omega^2(b_1 - c_{c1}) & -\omega^2[J_I - m(b_2c_{c2} + b_1c_{c1})] & 1 & -b_2 & b_1\\
m\omega^2 & 0 & -m\omega^2c_{c2} & 0 & 1 & 0\\
0 & m\omega^2 & m\omega^2c_{c1} & 0 & 0 & 0
\end{bmatrix} \tag{2-65}
$$

2. 空间振动刚体

图2-5所示为一端输入、一端输出空间振动的刚体，质量为m，在以输入点I为坐标原点的连体系中，刚体相对I点的惯量矩阵为$\boldsymbol{J}_I$，输出点O的坐标为(b_1, b_2, b_3)，质心C的坐标为(c_{c1}, c_{c2}, c_{c3})。输入点I和输出点O转角相同，即

$$
\begin{bmatrix}\theta_x\\ \theta_y\\ \theta_z\end{bmatrix}_O = \begin{bmatrix}\theta_x\\ \theta_y\\ \theta_z\end{bmatrix}_I \tag{2-66}
$$

对空间微小振动刚体，考虑到微小角度及其矢量性，则输出点O的位移可由输入点I的位移和绕该点的角位移表示为

$$
\begin{bmatrix}x\\ y\\ z\end{bmatrix}_O = \begin{bmatrix}x\\ y\\ z\end{bmatrix}_I - \overset{\backsim}{\boldsymbol{l}}_{IO}\begin{bmatrix}\theta_x\\ \theta_y\\ \theta_z\end{bmatrix}_I \tag{2-67}
$$

式中：$\overset{\backsim}{\boldsymbol{l}}_{IO}$ 是输出点O相对于输入点I的位矢的叉乘矩阵。

$$
\overset{\backsim}{\boldsymbol{l}}_{IO} = \begin{bmatrix}0 & -b_3 & b_2\\ b_3 & 0 & -b_1\\ -b_2 & b_1 & 0\end{bmatrix} \tag{2-68}
$$

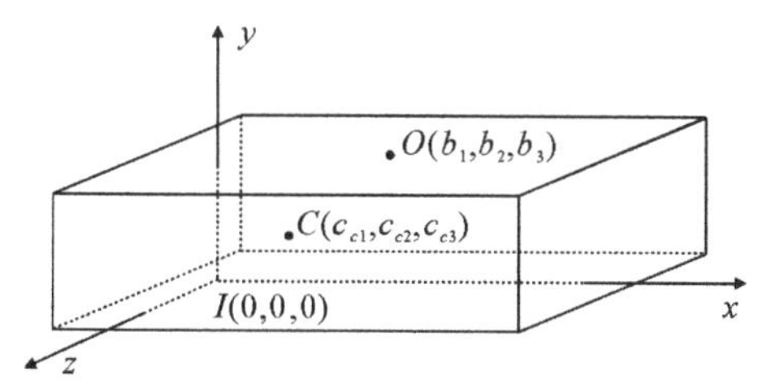

图 2-5　一端输入、一端输出空间振动的刚体

对自由振动，由质心运动定理得平动方程，即

$$m\begin{bmatrix}\ddot{x}\\\ddot{y}\\\ddot{z}\end{bmatrix}_c=\begin{bmatrix}q_x\\q_y\\q_z\end{bmatrix}_I-\begin{bmatrix}q_x\\q_y\\q_z\end{bmatrix}_O \tag{2-69}$$

$$\begin{bmatrix}x\\y\\z\end{bmatrix}_c=\begin{bmatrix}x\\y\\z\end{bmatrix}_I-\tilde{\boldsymbol{l}}_{IC}\begin{bmatrix}\theta_x\\\theta_y\\\theta_z\end{bmatrix}_I \tag{2-70}$$

式中：$[q_x\ q_y\ q_z]_I^{\mathrm{T}}$、$[q_x\ q_y\ q_z]_O^{\mathrm{T}}$ 分别为输入点 I 和输出点 O 的内力；$\tilde{\boldsymbol{l}}_{IC}$ 是质心 C 相对于点 I 的位矢的叉乘矩阵。

将式(2-70)代入式(2-69)，整理得

$$\begin{bmatrix}q_x\\q_y\\q_z\end{bmatrix}_O=\begin{bmatrix}q_x\\q_y\\q_z\end{bmatrix}_I-m\begin{bmatrix}\ddot{x}\\\ddot{y}\\\ddot{z}\end{bmatrix}_I+m\tilde{\boldsymbol{l}}_{IC}\begin{bmatrix}\ddot{\theta}_x\\\ddot{\theta}_y\\\ddot{\theta}_z\end{bmatrix}_I \tag{2-71}$$

由活动矩心绝对动量矩定理，并注意到小角度振动，略去高阶小量，得转动方程为

$$\begin{bmatrix}m_x\\m_y\\m_z\end{bmatrix}_O=\begin{bmatrix}m_x\\m_y\\m_z\end{bmatrix}_I+m(\tilde{\boldsymbol{l}}_{IC}-\tilde{\boldsymbol{l}}_{ID})\begin{bmatrix}\ddot{x}\\\ddot{y}\\\ddot{z}\end{bmatrix}_I+(\boldsymbol{J}_I+m\tilde{\boldsymbol{l}}_{IO}\tilde{\boldsymbol{l}}_{IC})\begin{bmatrix}\ddot{\theta}_x\\\ddot{\theta}_y\\\ddot{\theta}_z\end{bmatrix}_I+\tilde{\boldsymbol{l}}_{IO}\begin{bmatrix}q_x\\q_y\\q_z\end{bmatrix}_I \tag{2-72}$$

定义输入点和输出点状态向量分别为

$\boldsymbol{Z}_I=[X\ Y\ Z\ \Theta_x\ \Theta_y\ \Theta_z\ M_x\ M_y\ M_z\ Q_x\ Q_y\ Q_y\ M_x\ M_y\ M_z\ Q_x\ Q_y\ Q_y]_I^{\mathrm{T}}$

$\boldsymbol{Z}_O=[X\ Y\ Z\ \Theta_x\ \Theta_y\ \Theta_z\ M_x\ M_y\ M_z\ Q_x\ Q_y\ Q_y\ M_x\ M_y\ M_z\ Q_x\ Q_y\ Q_y]_O^{\mathrm{T}}$

联立式(2-66)、式(2-67)、式(2-71)和式(2-72)，考虑到式(2-61)，得空间振动刚体传递方程为

$$\boldsymbol{Z}_O=\boldsymbol{U}\boldsymbol{Z}_I \tag{2-73}$$

式中:$\boldsymbol{U}$ 为一端输入、一端输出空间振动刚体传递矩阵。

$$
\left.\begin{aligned}
\boldsymbol{U} &= \begin{bmatrix} \boldsymbol{I}_3 & -\tilde{\boldsymbol{l}}_{IO} & \boldsymbol{O}_{3\times3} & \boldsymbol{O}_{3\times3} \\ \boldsymbol{O}_{3\times3} & \boldsymbol{I}_3 & \boldsymbol{O}_{3\times3} & \boldsymbol{O}_{3\times3} \\ m\omega^2\tilde{\boldsymbol{l}}_{CO} & -\omega^2(m\tilde{\boldsymbol{l}}_{IO}\tilde{\boldsymbol{l}}_{IC}+\boldsymbol{J}_1) & \boldsymbol{I}_3 & \tilde{\boldsymbol{l}}_{IO} \\ m\omega^2\boldsymbol{I}_3 & -m\omega^2\tilde{\boldsymbol{l}}_{IC} & \boldsymbol{O}_{3\times3} & \boldsymbol{I}_3 \end{bmatrix} \\
\tilde{\boldsymbol{l}}_{CO} &= \begin{bmatrix} 0 & c_{c3}-b_3 & b_2-c_{c2} \\ b_3-c_{c3} & 0 & c_{c1}-b_1 \\ c_{c2}-b_2 & b_1-c_{c1} & 0 \end{bmatrix} = \tilde{\boldsymbol{l}}_{IO}-\tilde{\boldsymbol{l}}_{IC} \\
\boldsymbol{J}_1 &= \begin{bmatrix} J_x & -J_{xy} & -J_{xz} \\ -J_{xy} & J_y & -J_{yz} \\ -J_{xz} & -J_{yz} & J_z \end{bmatrix}
\end{aligned}\right\} \tag{2-74}
$$

式中:ω 为多体系统的固有振动频率;m 为质量;$\boldsymbol{J}_1$ 为刚体相对连体系的转动惯量矩阵。

3. N 端输入、L 端输出刚体传递矩阵

对如图 2-6 所示的 N 端输入、L 端输出的刚体,定义状态矢量为

$$
\begin{cases}
\boldsymbol{Z}_I = \begin{bmatrix} X_{I_1} & Y_{I_1} & Z_{I_1} & \theta_{xI_1} & \theta_{yI_1} & \theta_{zI_1} & M_{x,I_1} & M_{yI_1} & M_{zI_1} & Q_{xI_1} & Q_{yI_1} & Q_{z,I_1} & \cdots \\ M_{xI_N} & M_{yI_N} & M_{zI_N} & Q_{xI_N} & Q_{yI_N} & Q_{zI_N} \end{bmatrix}^{\mathrm{T}} \\
\boldsymbol{Z}_O = \begin{bmatrix} X_{o_1} & Y_{o_1} & Z_{o_1} & \theta_{xo_1} & \theta_{yo_1} & \theta_{zo_1} & M_{x,o_1} & M_{y,o_1} & M_{z,o_1} & Q_{x,o_1} & Q_{y,o_1} & Q_{z,o_1} & \cdots \\ M_{x,o_L} & M_{y,o_L} & M_{z,o_L} & Q_{x,Io_L} & Q_{y,o_L} & Q_{z,Io_L} \end{bmatrix}^{\mathrm{T}}
\end{cases}
$$

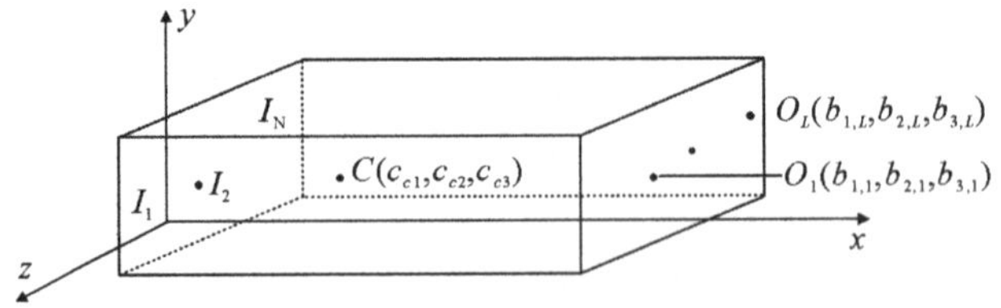

图 2-6　N 端输入、L 端输出的刚体

类似式(2-66)得

$$
\begin{bmatrix} \theta_x \\ \theta_y \\ \theta_z \end{bmatrix}_{O_1} = \begin{bmatrix} \theta_x \\ \theta_y \\ \theta_z \end{bmatrix}_{I_1} \tag{2-75}
$$

类似式(2－67)得

$$\begin{bmatrix} x \\ y \\ z \end{bmatrix}_{O_1} = \begin{bmatrix} x \\ y \\ z \end{bmatrix}_{I_1} - \tilde{\boldsymbol{l}}_{I_1O_1} \begin{bmatrix} \theta_x \\ \theta_y \\ \theta_z \end{bmatrix}_{I_1} \tag{2-76}$$

类似式(2－71),但是输出端的 q_O 不用输入端的 q_I 替代,得平动方程:

$$\sum_{l=1}^{L} \begin{bmatrix} q_x \\ q_y \\ q_z \end{bmatrix}_{O_1} = \sum_{n=1}^{N} \begin{bmatrix} q_x \\ q_y \\ q_z \end{bmatrix}_{I_N} - m \begin{bmatrix} \ddot{x} \\ \ddot{y} \\ \ddot{z} \end{bmatrix}_{I_1} + m\tilde{\boldsymbol{l}}_{I_1C} \begin{bmatrix} \ddot{\theta}_x \\ \ddot{\theta}_y \\ \ddot{\theta}_z \end{bmatrix}_{I_1} \tag{2-77}$$

类似式(2－72)得转动方程:

$$\sum_{l=1}^{L} \left(\begin{bmatrix} m_x \\ m_y \\ m_z \end{bmatrix}_{O_1} - \tilde{\boldsymbol{l}}_{I_1O_1} \begin{bmatrix} q_x \\ q_y \\ q_z \end{bmatrix}_{O_1} \right) = \sum_{n=1}^{N} \left(\begin{bmatrix} m_x \\ m_y \\ m_z \end{bmatrix}_{I_N} - \tilde{\boldsymbol{l}}_{I_1I_N} \begin{bmatrix} q_x \\ q_y \\ q_z \end{bmatrix}_{I_N} \right) + m\tilde{\boldsymbol{l}}_{I_1C} \begin{bmatrix} \ddot{x} \\ \ddot{y} \\ \ddot{z} \end{bmatrix}_{I_1} + \boldsymbol{J}_{I_1} \begin{bmatrix} \ddot{\theta}_x \\ \ddot{\theta}_y \\ \ddot{\theta}_z \end{bmatrix}_{I_1} \tag{2-78}$$

联立式(2－75)～式(2－78),考虑到式(2－61),得空间振动 N 端输入、L 端输出刚体传递方程为

$$\boldsymbol{U}_O\boldsymbol{Z}_O = \boldsymbol{U}_I\boldsymbol{Z}_I \tag{2-79}$$

式中

$$\left.\begin{aligned} \boldsymbol{U}_O &= \begin{bmatrix} \boldsymbol{I}_3 & \boldsymbol{O}_{3\times3} & \boldsymbol{O}_{3\times3} & \boldsymbol{O}_{3\times3} & \boldsymbol{O}_{3\times3} & \boldsymbol{O}_{3\times3} & \cdots & \boldsymbol{O}_{3\times3} & \boldsymbol{O}_{3\times3} \\ \boldsymbol{O}_{3\times3} & \boldsymbol{I}_3 & \boldsymbol{O}_{3\times3} & \boldsymbol{O}_{3\times3} & \boldsymbol{O}_{3\times3} & \boldsymbol{O}_{3\times3} & \cdots & \boldsymbol{O}_{3\times3} & \boldsymbol{O}_{3\times3} \\ \boldsymbol{O}_{3\times3} & \boldsymbol{O}_{3\times3} & \boldsymbol{I}_3 & -\tilde{\boldsymbol{l}}_{I_1O_1} & \boldsymbol{I}_3 & -\tilde{\boldsymbol{l}}_{I_1O_2} & \cdots & \boldsymbol{I}_3 & -\tilde{\boldsymbol{l}}_{I_1O_n} \\ \boldsymbol{O}_{3\times3} & \boldsymbol{O}_{3\times3} & \boldsymbol{O}_{3\times3} & \boldsymbol{I}_3 & \boldsymbol{O}_{3\times3} & \boldsymbol{I}_3 & \cdots & \boldsymbol{O}_{3\times3} & \boldsymbol{I}_3 \end{bmatrix} \\ \boldsymbol{U}_I &= \begin{bmatrix} \boldsymbol{I}_3 & -\tilde{\boldsymbol{l}}_{I_1O_1} & \boldsymbol{O}_{3\times3} & \boldsymbol{O}_{3\times3} & \boldsymbol{O}_{3\times3} & \boldsymbol{O}_{3\times3} & \cdots & \boldsymbol{O}_{3\times3} & \boldsymbol{O}_{3\times3} \\ \boldsymbol{O}_{3\times3} & \boldsymbol{I}_3 & \boldsymbol{O}_{3\times3} & \boldsymbol{O}_{3\times3} & \boldsymbol{O}_{3\times3} & \boldsymbol{O}_{3\times3} & \cdots & \boldsymbol{O}_{3\times3} & \boldsymbol{O}_{3\times3} \\ -m\omega^2\tilde{\boldsymbol{l}}_{I_1C} & -\omega^2 J_{I_1} & \boldsymbol{I}_3 & -\tilde{\boldsymbol{l}}_{I_1I_1} & \boldsymbol{I}_3 & -\tilde{\boldsymbol{l}}_{I_1I_2} & \cdots & \boldsymbol{I}_3 & -\tilde{\boldsymbol{l}}_{I_1I_n} \\ m\omega^2\boldsymbol{I}_3 & m\omega^2\tilde{\boldsymbol{l}}_{I_1C}^{\mathrm{T}} & \boldsymbol{O}_{3\times3} & \boldsymbol{I}_3 & \boldsymbol{O}_{3\times3} & \boldsymbol{I}_3 & \cdots & \boldsymbol{O}_{3\times3} & \boldsymbol{I}_3 \end{bmatrix} \end{aligned}\right\} \tag{2-80}$$

2.3.2 扭簧传递矩阵

对如图 2-7 所示的空间三方向扭簧,输入点和输出点的状态矢量定义为

$$\begin{cases} \boldsymbol{Z}_I = [\theta_x\ \theta_y\ \theta_z\ M_x\ M_y\ M_z]_I^{\mathrm{T}} \\ \boldsymbol{Z}_O = [\theta_x\ \theta_y\ \theta_z\ M_x\ M_y\ M_z]_O^{\mathrm{T}} \end{cases}$$

可导得空间扭簧传递方程和传递矩阵分别为

$$\boldsymbol{Z}_O = \boldsymbol{U}\boldsymbol{Z}_I$$

$$\boldsymbol{U} = \begin{bmatrix} \boldsymbol{I}_3 & \boldsymbol{U}_{12} \\ \boldsymbol{O}_{3\times3} & \boldsymbol{I}_3 \end{bmatrix},\quad \boldsymbol{U}_{12} = \begin{bmatrix} \dfrac{1}{K_x'} & 0 & 0 \\ 0 & \dfrac{1}{K_y'} & 0 \\ 0 & 0 & \dfrac{1}{K_z'} \end{bmatrix} \tag{2-81}$$

式中:K_x'、K_y'、K_z' 分别为扭簧在 x、y、z 三个方向上的扭转刚度。

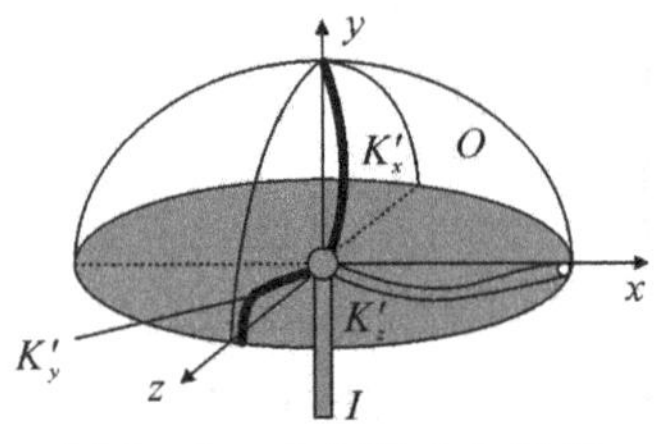

图 2-7 空间三方向扭簧

2.3.3 空间弹性铰传递矩阵

如图 2-8 所示的空间三方向弹簧和扭簧组成的空间弹性铰,定义输入点和输出点的状态矢量分别为 $\boldsymbol{Z}_I$、$\boldsymbol{Z}_O$:

$$\begin{cases} \boldsymbol{Z}_I = [X\ Y\ Z\ \theta_x\ \theta_y\ \theta_z\ M_x\ M_y\ M_z\ Q_x\ Q_y\ Q_z]_I^{\mathrm{T}} \\ \boldsymbol{Z}_O = [X\ Y\ Z\ \theta_x\ \theta_y\ \theta_z\ M_x\ M_y\ M_z\ Q_x\ Q_y\ Q_z]_O^{\mathrm{T}} \end{cases}$$

可导得空间弹性铰传递矩阵为

$$\boldsymbol{U} = \begin{bmatrix} \boldsymbol{I}_3 & \boldsymbol{O}_{3\times3} & \boldsymbol{O}_{3\times3} & \boldsymbol{O}_{3\times3} \\ \boldsymbol{O}_{3\times3} & \boldsymbol{I}_3 & \boldsymbol{O}_{3\times3} & \boldsymbol{O}_{3\times3} \\ \boldsymbol{O}_{3\times3} & \boldsymbol{O}_{3\times3} & \boldsymbol{I}_3 & \boldsymbol{O}_{3\times3} \\ \boldsymbol{O}_{3\times3} & \boldsymbol{O}_{3\times3} & \boldsymbol{O}_{3\times3} & \boldsymbol{I}_3 \end{bmatrix} \tag{2-82}$$

$$
\boldsymbol{U}_{14}=\begin{bmatrix}-\dfrac{1}{K_x} & 0 & 0\\ 0 & -\dfrac{1}{K_y} & 0\\ 0 & 0 & -\dfrac{1}{K_z}\end{bmatrix},\quad \boldsymbol{U}_{23}=\begin{bmatrix}\dfrac{1}{K_x'} & 0 & 0\\ 0 & \dfrac{1}{K_y'} & 0\\ 0 & 0 & \dfrac{1}{K_z'}\end{bmatrix}
$$

式中：K_x、K_y、K_z 分别为纵向弹簧在 x、y、z 三个方向上的刚度；K_x'、K_y'、K_z' 分别为扭簧在 x、y、z 三个方向上的刚度。

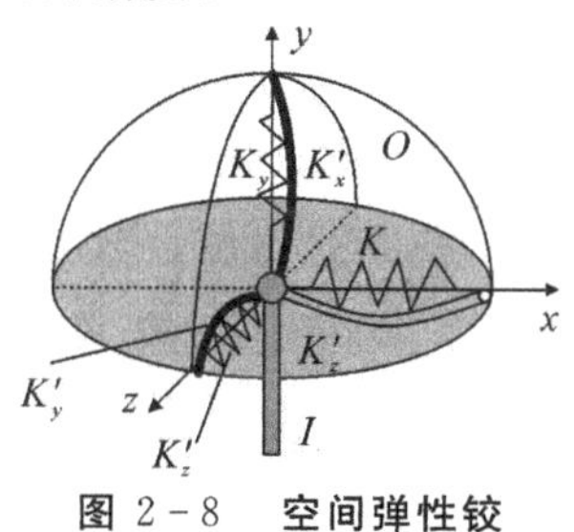

图 2-8　空间弹性铰

2.3.4　空间振动质点传递矩阵

对空间振动质点，由输入端与输出端的几何关系得

$$
\begin{bmatrix}x\\ y\\ z\end{bmatrix}_O=\begin{bmatrix}x\\ y\\ z\end{bmatrix}_I
$$

空间振动质点的动力学方程为

$$
m\begin{bmatrix}\ddot{x}\\ \ddot{y}\\ \ddot{z}\end{bmatrix}_I=\begin{bmatrix}q_x\\ q_y\\ q_z\end{bmatrix}_I-\begin{bmatrix}q_x\\ q_y\\ q_z\end{bmatrix}_O
$$

式中：m 为质点质量。

定义模态坐标下空间振动质点的状态矢量为

$$
\begin{cases}\boldsymbol{Z}_I=[X\ Y\ Z\ Q_x\ Q_y\ Q_z]_I^{\mathrm{T}}\\ \boldsymbol{Z}_O=[X\ Y\ Z\ Q_x\ Q_y\ Q_z]_O^{\mathrm{T}}\end{cases}
$$

可得空间振动质点传递方程为

$$
\boldsymbol{Z}_O=\boldsymbol{U}\boldsymbol{Z}_I
$$

空间振动质点传递矩阵为

$$
\boldsymbol{U}=\begin{bmatrix}\boldsymbol{I}_3 & \boldsymbol{O}_{3\times 3}\\ \boldsymbol{U}_{21} & \boldsymbol{I}_3\end{bmatrix},\quad \boldsymbol{U}_{21}=\begin{bmatrix}m\omega^2 & 0 & 0\\ 0 & m\omega^2 & 0\\ 0 & 0 & m\omega^2\end{bmatrix}\tag{2-83}
$$

2.4 起重装备动力学模型

2.4.1 起重装备的组成

某型起重装备的组成如图2-9所示，根据起重装备的自然特性，将它们分别视为刚体、弹性梁、扭簧、弹簧等力学元件并依次编号。这些元件可分为“体”和“铰”两大类，“体”指刚体和弹性梁，而“铰”泛指任何“体”与“体”之间的线位移、角位移、力、力矩等连接关系，包括光滑铰、弹性铰、滑移铰、阻尼器等。

各种标号的意义如下：根据多体系统传递矩阵法“体”和“铰”统一编号的原则，地面边界编号为0，4个活动腿与地面连接的编号为1、2、3、4；4个活动腿依次编号为5、6、7、8(7、8位置同图2-9中5、6相应位置)；4个活动腿与底架连接的编号为9、10、11、12(11、12位置同图2-9中9、10相应位置)；底架、转台部分依次编号为13、15；回转支承的编号为14；变幅液压缸的编号为17；起重臂后部、中部、前部的编号分别为20、21、22；起重臂与转台的连接件，起重臂与变幅液压缸的连接件，变幅液压缸与转台的连接件编号为19、18、16；滑块编号为23；重物编号为24；吊具编号为25。起重装备的动力学模型为：在地面支撑和重物的作用下，由各种弹簧、扭簧、阻尼器连接的4个刚体、2个弹性体和4个集中质量组成的多刚柔性体。

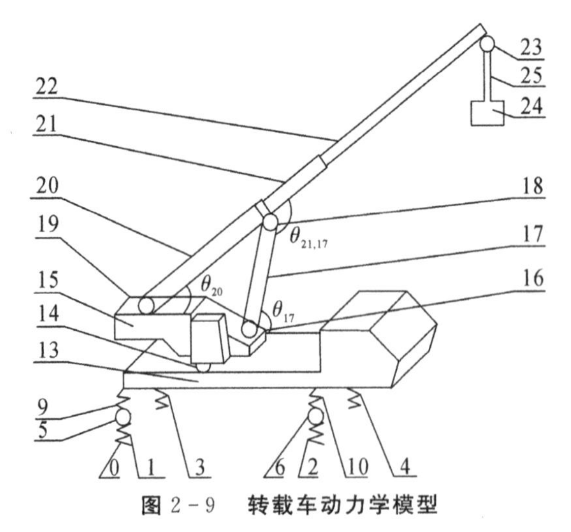

图2-9 **转载车动力学模型**

2.4.2 起重装备的状态矢量

状态矢量是由描述系统各节点特性的位移、转角、内力矩和内力组成的列阵。定义多管火箭各连接点的状态矢量如下：

$$\underset{24\times1}{\boldsymbol{Z}_{0,1\text{-}4}}=[X_{0,1}\ Y_{0,1}\ Z_{0,1}\ Q_{x0,1}\ Q_{y0,1}\ Q_{z0,1}\ X_{0,2}\ Y_{0,2}\ Z_{0,2}\ Q_{x0,2}\ Q_{y0,2}\ Q_{z0,2}\ \cdots\ X_{0,4}\ Y_{0,4}\ Z_{0,4}\ Q_{x0,4}\ Q_{y0,4}\ Q_{z0,4}]^{\mathrm{T}} \tag{2-84}$$

$$\underset{24\times1}{\boldsymbol{Z}_{1\text{-}4,5\text{-}8}}=[X_{1,5}\ Y_{1,5}\ Z_{1,5}\ Q_{x1,5}\ Q_{y1,5}\ Q_{z1,5}\ X_{2,6}\ Y_{2,6}\ Z_{2,6}\ Q_{x2,6}\ Q_{y2,6}\ Q_{z2,6}\ \cdots\ X_{4,8}\ Y_{4,8}, Z_{4,8}\ Q_{x4,8}\ Q_{y4,8}\ Q_{z4,8}]^{\mathrm{T}} \tag{2-85}$$

$$\underset{24\times1}{\boldsymbol{Z}_{5\text{-}8,9\text{-}12}}=[X_{5,9}\ Y_{5,9}\ Z_{5,9}\ Q_{x5,9}\ Q_{y5,9}\ Q_{z5,9}\ X_{6,10}\ Y_{6,10}\ Z_{6,10}\ Q_{x6,10}\ Q_{y6,10}\ Q_{z6,10}\ \cdots\ X_{8,12}\ Y_{8,12}\ Z_{8,12}\ Q_{x8,12}\ Q_{y8,12}\ Q_{z8,12}]^{\mathrm{T}} \tag{2-86}$$

$$\underset{18\times1}{\boldsymbol{Z}_{9\text{-}12,13}}=[X_{9,13}\ Y_{9,13}, Z_{9,13}\ \Theta_{x9,13}\ \Theta_{y9,13}\ \Theta_{z9,13}\ Q_{x9,13}\ Q_{y9,13}\ Q_{z9,13}\ Q_{x10,13}\ Q_{y10,13}\ Q_{z10,13}\ Q_{x11,13}\ Q_{y11,13}\ Q_{z11,13}\ Q_{x12,13}\ Q_{y12,13}\ Q_{z12,13}]^{\mathrm{T}} \tag{2-87}$$

$$\underset{12\times1}{\boldsymbol{Z}_{13,14}}=[X\ Y\ Z\ \Theta_x\ \Theta_y\ \Theta_z\ M_x\ M_y\ M_z\ Q_x\ Q_y\ Q_z]^{\mathrm{T}}_{13,14} \tag{2-88}$$

$$\underset{18\times1}{\boldsymbol{Z}_{15,16\text{-}19}}=[X_{15,16}\ Y_{15,16}\ Z_{15,16}\ \Theta_{x15,16}\ \Theta_{y15,16}\ \Theta_{z15,16}\ M_{x15,16}\ M_{y15,16}\ M_{z15,16}\ Q_{x15,16}\ Q_{y15,16}\ Q_{z15,16}\ M_{x15,19}\ M_{y15,19}\ M_{z15,19}\ Q_{x15,19}\ Q_{y15,19}\ Q_{z15,19}]^{\mathrm{T}} \tag{2-89}$$

$\boldsymbol{Z}_{14,15}$，$\boldsymbol{Z}_{16,17}$，$\boldsymbol{Z}_{17,18}$，$\boldsymbol{Z}_{19,20}$，$\boldsymbol{Z}_{20,18}$，$\boldsymbol{Z}_{18,21}$，$\boldsymbol{Z}_{21,22}$，$\boldsymbol{Z}_{22,23}$ 的定义与 $\boldsymbol{Z}_{13,14}$ 类似。

定义状态矢量时应遵循以下原则：能完整描述各节点的力学性能；所包含的变量个数尽可能少；有利于传递关系的建立。

2.4.3 起重装备的传递方程

(1) 地面至活动腿的传递矩阵。

将地面与活动腿的联接视为弹簧，如图2-9所示，由纵向弹簧的传递方程得地面与活动腿接触点(0,1-4)到活动腿(5-8)的传递方程：

$$\underset{24\times1}{\boldsymbol{Z}_{1\text{-}4,5\text{-}8}}=\underset{24\times24}{\boldsymbol{U}_{1\text{-}4}}\ \underset{24\times1}{\boldsymbol{Z}_{0,1\text{-}4}} \tag{2-90}$$

式中：$\underset{24\times24}{\boldsymbol{U}_{1\text{-}4}}$ 为地面至活动腿的传递矩阵，具体为

$$\underset{24\times24}{\boldsymbol{U}_{1\text{-}4}}=\begin{bmatrix}\boldsymbol{U}_{11} & \boldsymbol{O} & \boldsymbol{O} & \boldsymbol{O}\\ \boldsymbol{O} & \boldsymbol{U}_{22} & \boldsymbol{O} & \boldsymbol{O}\\ \boldsymbol{O} & \boldsymbol{O} & \boldsymbol{U}_{33} & \boldsymbol{O}\\ \boldsymbol{O} & \boldsymbol{O} & \boldsymbol{O} & \boldsymbol{U}_{44}\end{bmatrix} \tag{2-91}$$

$$\boldsymbol{U}_{ii}=\begin{bmatrix}1 & 0 & 0 & -\dfrac{1}{K_{xi}} & 0 & 0\\ 0 & 1 & 0 & 0 & -\dfrac{1}{K_{yi}} & 0\\ 0 & 0 & 1 & 0 & 0 & -\dfrac{1}{K_{zi}}\\ 0 & 0 & 0 & 1 & 0 & 0\\ 0 & 0 & 0 & 0 & 1 & 0\\ 0 & 0 & 0 & 0 & 0 & 1\end{bmatrix}\quad (i=1,2,3,4)$$

式中：K_{xi}，K_{yi}，K_{zi}（$i=1,2,3,4$）为地面至各活动腿的等价弹簧刚度。

(2) 活动腿的传递方程。

将活动腿视为质点振动，由纵向运动质点的传递方程可得活动腿点的传递方程为

$$\underset{24\times1}{\boldsymbol{Z}_{5\text{-}8,9\text{-}12}}=\underset{24\times24}{\boldsymbol{U}_{5\text{-}8}}\ \underset{24\times1}{\boldsymbol{Z}_{1\text{-}4,5\text{-}8}} \tag{2-92}$$

式中：活动腿的传递矩阵$\underset{24\times24}{\boldsymbol{U}_{5\text{-}8}}$为

$$\underset{24\times24}{\boldsymbol{U}_{5\text{-}8}}=\begin{bmatrix}\boldsymbol{U}_{11} & \boldsymbol{O} & \boldsymbol{O} & \boldsymbol{O}\\ \boldsymbol{O} & \boldsymbol{U}_{22} & \boldsymbol{O} & \boldsymbol{O}\\ \boldsymbol{O} & \boldsymbol{O} & \boldsymbol{U}_{33} & \boldsymbol{O}\\ \boldsymbol{O} & \boldsymbol{O} & \boldsymbol{O} & \boldsymbol{U}_{44}\end{bmatrix} \tag{2-93}$$

$$\boldsymbol{U}_{ii}=\begin{bmatrix}1 & 0 & 0 & 0 & 0 & 0\\ 0 & 1 & 0 & 0 & 0 & 0\\ 0 & 0 & 1 & 0 & 0 & 0\\ m_{i+4}\omega^2 & 0 & 0 & 1 & 0 & 0\\ 0 & m_{i+4}\omega^2 & 0 & 0 & 1 & 0\\ 0 & 0 & m_{i+4}\omega^2 & 0 & 0 & 1\end{bmatrix}\quad (i=1,2,\cdots,6)$$

式中：m_{i+4}（$i=1,2,\cdots,6$）为各活动腿的质量；ω为系统固有振动频率。

(3) 活动腿至底架的传递方程。

视活动腿至底架之间为弹簧联接，由活动腿点的几何和力学关系得

$$\left.\begin{aligned}X_{i,13} &= X_{i-4,i} - \frac{Q_{xi-4,i}}{K_{xi}} \quad (i = 9,10,11,12)\\ Y_{i,13} &= Y_{i-4,i} - \frac{Q_{yi-4,i}}{K_{yi}} \quad (i = 9,10,11,12)\\ Z_{i,13} &= Z_{i-4,i} - \frac{Q_{zi-4,i}}{K_{zi}} \quad (i = 9,10,11,12)\end{aligned}\right\} \tag{2-94}$$

$$\left.\begin{aligned}Q_{x13,i} &= Q_{xi-4,i} \quad (i = 9,10,11,12)\\ Q_{y13,i} &= Q_{yi-4,i} \quad (i = 9,10,11,12)\\ Q_{z13,i} &= Q_{zi-4,i} \quad (i = 9,10,11,12)\end{aligned}\right\} \tag{2-95}$$

得

$$\begin{bmatrix}X\\Y\\Z\end{bmatrix}_{(9,13)} = \begin{bmatrix}X\\Y\\Z\end{bmatrix}_{(5,9)} + \begin{bmatrix}-\frac{1}{K_{x9}} & 0 & 0\\ 0 & -\frac{1}{K_{y9}} & 0\\ 0 & 0 & -\frac{1}{K_{z9}}\end{bmatrix}\begin{bmatrix}Q_x\\Q_y\\Q_z\end{bmatrix}_{(5,9)} \tag{2-96}$$

$$\begin{bmatrix}\Theta_x\\\Theta_y\\\Theta_z\end{bmatrix}_{(9,13)} = \begin{bmatrix}\frac{1}{b_{33}}(Y_{9,13} - Y_{11,13})\\ \frac{1}{b_{33}}(-X_{9,13} + X_{11,13})\\ \frac{1}{b_{21}}(-Y_{9,13} + Y_{10,13})\end{bmatrix} =$$

$$\begin{bmatrix}\frac{1}{b_{33}}\left[\left(Y_{5,9} - \frac{Q_{y5,9}}{K_{y9}}\right) - \left(Y_{7,11} - \frac{Q_{y7,11}}{K_{y11}}\right)\right]\\ \frac{1}{b_{33}}\left[-\left(X_{5,9} - \frac{Q_{x5,9}}{K_{x9}}\right) + \left(X_{7,11} - \frac{Q_{x7,11}}{K_{x11}}\right)\right]\\ \frac{1}{b_{21}}\left[-\left(Y_{5,9} - \frac{Q_{y5,9}}{K_{y9}}\right) + \left(Y_{6,10} - \frac{Q_{y6,10}}{K_{y10}}\right)\right]\end{bmatrix} =$$

$$\begin{bmatrix}0 & \frac{1}{b_{33}} & 0 & 0 & -\frac{1}{b_{33}K_{y9}} & 0\\ -\frac{1}{b_{33}} & 0 & 0 & \frac{1}{b_{33}K_{x9}} & 0 & 0\\ 0 & -\frac{1}{b_{21}} & 0 & 0 & \frac{1}{b_{21}K_{y9}} & 0\end{bmatrix}\begin{bmatrix}X\\Y\\Z\\Q_x\\Q_y\\Q_z\end{bmatrix}_{(5,9)} +$$

$$
\begin{bmatrix} 0 & 0 & 0 & 0 & 0 & 0 \\ 0 & 0 & 0 & 0 & 0 & 0 \\ 0 & \frac{1}{b_{21}} & 0 & 0 & -\frac{1}{b_{21}K_{y10}} & 0 \end{bmatrix} \begin{bmatrix} X \\ Y \\ Z \\ Q_x \\ Q_y \\ Q_z \end{bmatrix}_{(6,10)} +
$$

$$
\begin{bmatrix} 0 & -\frac{1}{b_{33}} & 0 & 0 & \frac{1}{b_{33}K_{y11}} & 0 \\ \frac{1}{b_{33}} & 0 & 0 & -\frac{1}{b_{33}K_{x11}} & 0 & 0 \\ 0 & 0 & 0 & 0 & 0 & 0 \end{bmatrix} \begin{bmatrix} X \\ Y \\ Z \\ Q_x \\ Q_y \\ Q_z \end{bmatrix}_{(7,11)} \tag{2-97}
$$

$$
\begin{bmatrix} Q_x \\ Q_y \\ Q_z \end{bmatrix}_{(i,13)} = \begin{bmatrix} Q_x \\ Q_y \\ Q_z \end{bmatrix}_{(i-4,i)} \quad (i = 9,10,11,12) \tag{2-98}
$$

$$
\begin{bmatrix} X \\ Y \\ Z \end{bmatrix}_{(12,13)} = \begin{bmatrix} X \\ Y \\ Z \end{bmatrix}_{(8,12)} + \begin{bmatrix} -\frac{1}{K_{x12}} & 0 & 0 \\ 0 & -\frac{1}{K_{y12}} & 0 \\ 0 & 0 & -\frac{1}{K_{z12}} \end{bmatrix} \begin{bmatrix} Q_x \\ Q_y \\ Q_z \end{bmatrix}_{(8,12)} \tag{2-99}
$$

$$
\begin{bmatrix} X \\ Z \end{bmatrix}_{(10,13)} = \begin{bmatrix} X \\ Z \end{bmatrix}_{(6,10)} + \begin{bmatrix} -\frac{1}{K_{x10}} & 0 \\ 0 & -\frac{1}{K_{z10}} \end{bmatrix} \begin{bmatrix} Q_x \\ Q_y \end{bmatrix}_{(6,10)} \tag{2-100}
$$

$$
\boldsymbol{Z}_{11,13} = \boldsymbol{Z}_{7,11} - \frac{1}{K_{z11}} \boldsymbol{Q}_{z7,11} \tag{2-101}
$$

则得活动腿点至底架的传递方程为

$$
\underset{18\times1}{\boldsymbol{Z}_{9-12,13}} = \underset{18\times24}{\boldsymbol{U}_{9-12}} \underset{24\times1}{\boldsymbol{Z}_{5-8,9-12}} \tag{2-102}
$$

$$
\underset{6\times18}{\boldsymbol{U}_{9-12}^{(1)}} \underset{18\times1}{\boldsymbol{Z}_{9-12,13}} = \underset{6\times24}{\boldsymbol{U}_{9-12}^{(2)}} \underset{24\times1}{\boldsymbol{Z}_{5-8,9-12}} \tag{2-103}
$$

式中

$$\underset{18\times24}{\boldsymbol{U}_{9\text{-}12}}=\begin{bmatrix}\boldsymbol{U}_{11} & \boldsymbol{O}_{3\times6} & \boldsymbol{O}_{3\times6} & \boldsymbol{O}_{3\times6}\\ \boldsymbol{U}_{21} & \boldsymbol{U}_{22} & \boldsymbol{U}_{23} & \boldsymbol{O}_{3\times6}\\ \boldsymbol{U}_{31} & \boldsymbol{O}_{3\times6} & \boldsymbol{O}_{3\times6} & \boldsymbol{O}_{3\times6}\\ \boldsymbol{O}_{3\times6} & \boldsymbol{U}_{42} & \boldsymbol{O}_{3\times6} & \boldsymbol{O}_{3\times6}\\ \boldsymbol{O}_{3\times6} & \boldsymbol{O}_{3\times6} & U_{53} & \boldsymbol{O}_{3\times6}\\ \boldsymbol{O}_{3\times6} & \boldsymbol{O}_{3\times6} & \boldsymbol{O}_{3\times6} & \boldsymbol{U}_{64}\end{bmatrix}\tag{2-104}$$

$$\boldsymbol{U}_{11}=\begin{bmatrix}1 & 0 & 0 & -\dfrac{1}{K_{x9}} & 0 & 0\\ 0 & 1 & 0 & 0 & -\dfrac{1}{K_{y9}} & 0\\ 0 & 0 & 1 & 0 & 0 & -\dfrac{1}{K_{z9}}\end{bmatrix}$$

$$\boldsymbol{U}_{21}=\begin{bmatrix}0 & \dfrac{1}{b_{33}} & 0 & 0 & -\dfrac{1}{b_{33}K_{y9}} & 0\\ -\dfrac{1}{b_{33}} & 0 & 0 & \dfrac{1}{b_{33}K_{x9}} & 0 & 0\\ 0 & -\dfrac{1}{b_{21}} & 0 & 0 & \dfrac{1}{b_{21}K_{y9}} & 0\end{bmatrix}$$

$$\boldsymbol{U}_{22}=\begin{bmatrix}0 & 0 & 0 & 0 & 0 & 0\\ 0 & 0 & 0 & 0 & 0 & 0\\ 0 & \dfrac{1}{b_{21}} & 0 & 0 & -\dfrac{1}{b_{21}K_{y9}} & 0\end{bmatrix}$$

$$\boldsymbol{U}_{23}=\begin{bmatrix}0 & -\dfrac{1}{b_{33}} & 0 & 0 & \dfrac{1}{b_{33}K_{y11}} & 0\\ \dfrac{1}{b_{33}} & 0 & 0 & -\dfrac{1}{b_{33}K_{x11}} & 0 & 0\\ 0 & 0 & 0 & 0 & 0 & 0\end{bmatrix}$$

$$\boldsymbol{U}_{ij}=\begin{bmatrix}0 & 0 & 0 & 1 & 0 & 0\\ 0 & 0 & 0 & 0 & 1 & 0\\ 0 & 0 & 0 & 0 & 0 & 1\end{bmatrix}\qquad (i=3,4,5,6;\quad j=i-2)$$

$$\underset{6\times18}{\boldsymbol{U}_{9\text{-}12}^{(1)}}=\begin{bmatrix}\boldsymbol{U}_{11} & \boldsymbol{O}_{2\times12}\\ \boldsymbol{U}_{21} & \boldsymbol{O}_{1\times12}\\ \boldsymbol{U}_{31} & \boldsymbol{O}_{3\times12}\end{bmatrix}\tag{2-105}$$

$$\boldsymbol{U}_{11}=\begin{bmatrix}1&0&0&0&0&0\\0&0&1&0&-b_{21}&0\end{bmatrix}$$

$$\boldsymbol{U}_{21}=\begin{bmatrix}0&0&1&0&-b_{21}&0\end{bmatrix}$$

$$\boldsymbol{U}_{31}=\begin{bmatrix}1&0&0&0&b_{43}&0\\0&1&0&-b_{43}&0&b_{41}\\0&0&1&0&-b_{41}&0\end{bmatrix}$$

$$\underset{6\times 24}{\boldsymbol{U}_{9-12}^{(2)}}=\begin{bmatrix}\boldsymbol{O}_{2\times 6}&\boldsymbol{U}_{12}&\boldsymbol{O}_{2\times 6}&\boldsymbol{O}_{2\times 6}\\\boldsymbol{O}_{1\times 6}&\boldsymbol{O}_{1\times 6}&\boldsymbol{U}_{23}&\boldsymbol{O}_{1\times 6}\\\boldsymbol{O}_{3\times 6}&\boldsymbol{O}_{3\times 6}&\boldsymbol{O}_{3\times 6}&\boldsymbol{U}_{34}\end{bmatrix} \tag{2-106}$$

$$\boldsymbol{U}_{12}=\begin{bmatrix}1&0&0&-\dfrac{1}{K_{x10}}&0&0\\0&0&1&0&0&-\dfrac{1}{K_{z10}}\end{bmatrix}$$

$$\boldsymbol{U}_{23}=\begin{bmatrix}0&0&1&0&0&-\dfrac{1}{K_{z11}}\end{bmatrix}$$

$$\boldsymbol{U}_{34}=\begin{bmatrix}1&0&0&-\dfrac{1}{K_{x12}}&0&0\\0&1&0&0&-\dfrac{1}{K_{y12}}&0\\0&0&1&0&0&-\dfrac{1}{K_{z12}}\end{bmatrix}$$

式中：(b_{11},b_{12},b_{13})，(b_{21},b_{22},b_{23})，(b_{31},b_{32},b_{33})，(b_{41},b_{42},b_{43})分别为点(9,13)，(10,13)，(11,13)，(12,13)的坐标，本模型中，$b_{11}=b_{31}=0$，$b_{13}=b_{23}=0$，$b_{33}=b_{43}$，$b_{21}=b_{41}$，$b_{12}=b_{22}=b_{32}=b_{42}=0$。

(4) 底架的传递方程。

底架是一个四端输入、一端输出的刚体，考虑到输入端处力矩均为零，由刚体的传递得到从底架(9－12,13) 到点(13,14) 的传递方程：

$$\underset{12\times 1}{\boldsymbol{Z}_{13,14}}=\underset{12\times 18}{\boldsymbol{U}_{13}}\ \underset{18\times 1}{\boldsymbol{Z}_{9-12,13}} \tag{2-107}$$

式中：底架的传递矩阵$\underset{12\times 18}{\boldsymbol{U}_{13}}$为

$$
\underset{12\times18}{\boldsymbol{U}_{13}}=\begin{bmatrix}\boldsymbol{I}_3 & \tilde{\boldsymbol{l}}^{\mathrm{T}}_{(9,13)(13,14)} & \boldsymbol{O}_{3\times3} & \cdots & \boldsymbol{O}_{3\times3}\\ \boldsymbol{O}_{3\times3} & \boldsymbol{I}_3 & \boldsymbol{O}_{3\times3} & \cdots & \boldsymbol{O}_{3\times3}\\ m_{13}\omega^2\,\tilde{\boldsymbol{l}}_{C_{13}(13,14)} & \omega^2\begin{pmatrix}m_{13}\,\tilde{\boldsymbol{l}}_{(9,13)(13,14)}\times\\ \tilde{\boldsymbol{l}}^{\mathrm{T}}_{(9,13)C_{13}}-\boldsymbol{J}_{(9,13)}\end{pmatrix} & \tilde{\boldsymbol{l}}_{(9,13)(13,14)} & \cdots & \tilde{\boldsymbol{l}}_{(12,13)(13,14)}\\ m_{13}\omega^2\,\boldsymbol{I}_3 & m_{13}\omega^2\,\tilde{\boldsymbol{l}}^{\mathrm{T}}_{(9,13)C_{13}} & \boldsymbol{I}_3 & \cdots & \boldsymbol{I}_3\end{bmatrix}
\tag{2-108}
$$

在以第一输入端(9,13)为原点的连体坐标系中，$\boldsymbol{J}_{(9,13)}$ 为体 13 相对于输入端(9,13)的惯量矩阵，(b_1,b_2,b_3)为输出端(13,14)的坐标，(a_1,a_2,a_3)为质心坐标，$\tilde{\boldsymbol{l}}_{(9,13)(13,14)}$ 为输出端(13,14)相对于第一输入端(9,13)矢径的叉乘矩阵，$\tilde{\boldsymbol{l}}_{(9,13)C_{13}}$ 为质心 C_{13} 相对于第一输入端(9,13)矢径的叉乘矩阵，$\tilde{\boldsymbol{l}}_{C_{13}(13,14)}$ 为输出端(13,14)相对于质心 C_{13} 矢径的叉乘矩阵。

$$
\begin{cases}
\tilde{\boldsymbol{l}}_{(9,13)(13,14)}=\begin{bmatrix}0 & -b_3 & b_2\\ b_3 & 0 & -b_1\\ -b_2 & b_1 & 0\end{bmatrix}\\
\tilde{\boldsymbol{l}}_{(9,13)C_{13}}=\begin{bmatrix}0 & -a_3 & a_2\\ a_3 & 0 & -a_1\\ -a_2 & a_1 & 0\end{bmatrix}\\
\tilde{\boldsymbol{l}}_{C_{13}(13,14)}=\begin{bmatrix}0 & a_3-b_3 & b_2-a_2\\ b_3-a_3 & 0 & a_1-b_1\\ a_2-b_2 & b_1-a_1 & 0\end{bmatrix}\\
\boldsymbol{J}_{(9,13)}=\begin{bmatrix}J_x & -J_{xy} & -J_{xz}\\ -J_{xy} & J_y & -J_{yz}\\ -J_{xz} & -J_{yz} & J_z\end{bmatrix}\\
\tilde{\boldsymbol{l}}_{(i+8,13)(13,14)}=\begin{bmatrix}0 & b_{i3}-b_3 & b_2-b_{i2}\\ b_3-b_{i3} & 0 & b_{i1}-b_1\\ b_{i2}-b_2 & b_1-b_{i1} & 0\end{bmatrix}\quad (i=1,2,3,4)
\end{cases}
$$

(5) 回转支承的传递方程。

回转支承 14 的作用是联接底架和转台，所以回转支承的作用可以等效为弹簧和扭簧的作用，由空间弹簧和扭簧的传递方程可得回转支承点(13,14)到点(14,15)的传递方程为

$$\underset{12\times1}{\boldsymbol{Z}_{14,15}} = \underset{12\times12}{\boldsymbol{U}_{14}}\ \underset{12\times1}{\boldsymbol{Z}_{13,14}} \tag{2-109}$$

式中:回转支承的传递矩阵$\underset{12\times12}{\boldsymbol{U}_{14}}$为

$$\underset{12\times12}{\boldsymbol{U}_{14}} = \begin{bmatrix} \boldsymbol{I}_3 & \boldsymbol{O}_{3\times3} & \boldsymbol{O}_{3\times3} & \boldsymbol{U}_{14} \\ \boldsymbol{O}_{3\times3} & \boldsymbol{I}_3 & \boldsymbol{U}_{23} & \boldsymbol{O}_{3\times3} \\ \boldsymbol{O}_{3\times3} & \boldsymbol{O}_{3\times3} & \boldsymbol{I}_3 & \boldsymbol{O}_{3\times3} \\ \boldsymbol{O}_{3\times3} & \boldsymbol{O}_{3\times3} & \boldsymbol{O}_{3\times3} & \boldsymbol{I}_3 \end{bmatrix} \tag{2-110}$$

$$\boldsymbol{U}_{14} = \begin{bmatrix} -\dfrac{1}{K_{x14}} & 0 & 0 \\ 0 & -\dfrac{1}{K_{y14}} & 0 \\ 0 & 0 & -\dfrac{1}{K_{z14}} \end{bmatrix},\quad \boldsymbol{U}_{23} = \begin{bmatrix} \dfrac{1}{K'_{x14}} & 0 & 0 \\ 0 & \dfrac{1}{K'_{y14}} & 0 \\ 0 & 0 & \dfrac{1}{K'_{z14}} \end{bmatrix}$$

(6) 转台的传递方程。

转台为一端输入、两端输出的刚体,由刚体的传递方程可得回转部分的传递方程为

$$\underset{12\times1}{\boldsymbol{Z}_{14,15}} = \underset{12\times18}{\boldsymbol{U}_{15}}\ \underset{18\times1}{\boldsymbol{Z}_{15,16-19}} \tag{2-111}$$

式中:回转部分的传递矩阵$\underset{12\times18}{\boldsymbol{U}_{15}}$为

$$\underset{12\times18}{\boldsymbol{U}_{15}} = \begin{bmatrix} \boldsymbol{I}_3 & \tilde{\boldsymbol{l}}_{(14,15)(15,16)} & \boldsymbol{O}_{3\times3} & \boldsymbol{O}_{3\times3} & \boldsymbol{O}_{3\times3} & \boldsymbol{O}_{3\times3} \\ \boldsymbol{O}_{3\times3} & \boldsymbol{I}_3 & \boldsymbol{O}_{3\times3} & \boldsymbol{O}_{3\times3} & \boldsymbol{O}_{3\times3} & \boldsymbol{O}_{3\times3} \\ m_{15}\omega^2\tilde{\boldsymbol{l}}_{(14,15)C_{15}} & \omega^2\begin{pmatrix}\boldsymbol{J}_{(14,15)} - m_{15}\tilde{\boldsymbol{l}}_{(14,15)C_{15}}\times \\ \tilde{\boldsymbol{l}}^{\mathrm{T}}_{(14,15)(15,16)}\end{pmatrix} & \boldsymbol{I}_3 & \tilde{\boldsymbol{l}}^{\mathrm{T}}_{(14,15)(15,16)} & \boldsymbol{I}_3 & \tilde{\boldsymbol{l}}^{\mathrm{T}}_{(14,15)(15,19)} \\ -m_{15}\omega^2\boldsymbol{I}_3 & m_{15}\omega^2\tilde{\boldsymbol{l}}^{\mathrm{T}}_{C_{15}(15,16)} & \boldsymbol{O}_{3\times3} & \boldsymbol{I}_3 & \boldsymbol{O}_{3\times3} & \boldsymbol{I}_3 \end{bmatrix} \tag{2-112}$$

输入点(14,15)为坐标原点,其坐标为(0,0,0),输出点(15,16),(15,19)的坐标为(b_{11},b_{12},b_{13}),(b_{21},b_{22},b_{23}),质心C_{15}的坐标为(a_1,a_2,a_3)。$\tilde{\boldsymbol{l}}_{(14,15)(15,16)}$为第一输出端(15,16)相对于输入端(14,15)的矢径的叉乘矩阵,$\tilde{\boldsymbol{l}}_{(14,15)(15,19)}$为第二输出端(15,19)相对于输入端(14,15)的矢径的叉乘矩阵,$\tilde{\boldsymbol{l}}_{(14,15)C_{15}}$为质心$C_{15}$相对于输入端(14,15)的矢径的叉乘矩阵,$\tilde{\boldsymbol{l}}_{C_{15}(15,16)}$为第一输出端(15,16)相对于质心$C_{15}$的矢径的叉乘矩阵。

$$\begin{cases}\tilde{\boldsymbol{l}}_{(14,15)(15,16)}=\begin{bmatrix}0 & -b_{13} & b_{12}\\ b_{13} & 0 & -b_{11}\\ -b_{12} & b_{11} & 0\end{bmatrix}\\ \tilde{\boldsymbol{l}}_{(14,15)(15,19)}=\begin{bmatrix}0 & -b_{23} & b_{22}\\ b_{23} & 0 & -b_{21}\\ -b_{22} & b_{21} & 0\end{bmatrix}\\ \tilde{\boldsymbol{l}}_{(14,15)C_{15}}=\begin{bmatrix}0 & -a_3 & a_2\\ a_3 & 0 & -a_1\\ -a_2 & a_1 & 0\end{bmatrix}\\ \tilde{\boldsymbol{l}}_{C_{15}(15,16)}=\begin{bmatrix}0 & a_3-b_{13} & b_{12}-a_2\\ b_{13}-a_3 & 0 & a_1-b_{11}\\ a_2-b_{12} & b_{11}-a_1 & 0\end{bmatrix}\end{cases}$$

状态矢量$\boldsymbol{Z}_{15,16}$与状态矢量$\boldsymbol{Z}_{15,16-19}$存在如下关系：

$$\underset{12\times1}{\boldsymbol{Z}_{15,16}}=\underset{12\times18}{\boldsymbol{U}_{15}^{(1)}}\ \underset{18\times1}{\boldsymbol{Z}_{15,16-19}}\tag{2-113}$$

式中：

$$\underset{12\times18}{\boldsymbol{U}_{15}^{(1)}}=\begin{bmatrix}\boldsymbol{I}_{12} & \boldsymbol{O}_{12\times6}\end{bmatrix}\tag{2-114}$$

由于点(15,16)与点(15,19)存在如下关系：

$$\begin{bmatrix}X\\ Y\\ Z\end{bmatrix}_{15,19}=\begin{bmatrix}X\\ Y\\ Z\end{bmatrix}_{15,16}+\tilde{\boldsymbol{l}}_{(15,16)(15,19)}^{\mathrm{T}}\begin{bmatrix}\Theta_x\\ \Theta_y\\ \Theta_z\end{bmatrix}_{(15,16)}\tag{2-115}$$

$$\begin{bmatrix}\Theta_x\\ \Theta_y\\ \Theta_z\end{bmatrix}_{(15,19)}=\begin{bmatrix}\Theta_x\\ \Theta_y\\ \Theta_z\end{bmatrix}_{(15,16)}\tag{2-116}$$

所以状态矢量$\underset{12\times1}{\boldsymbol{Z}_{15,19}}$与状态矢量$\underset{18\times1}{\boldsymbol{Z}_{15,16-19}}$存在如下关系：

$$\underset{12\times1}{\boldsymbol{Z}_{15,19}}=\underset{12\times18}{\boldsymbol{U}_{15}^{(2)}}\ \underset{18\times1}{\boldsymbol{Z}_{15,16-19}}\tag{2-117}$$

式中：

$$\underset{12\times18}{\boldsymbol{U}_{15}^{(2)}}=\begin{bmatrix}\boldsymbol{I}_3 & \tilde{\boldsymbol{l}}^{\mathrm{T}}_{(15,16)(15,19)} & \boldsymbol{O}_{3\times3} & \boldsymbol{O}_{3\times3} & \boldsymbol{O}_{3\times3} & \boldsymbol{O}_{3\times3}\\ \boldsymbol{O}_{3\times3} & \boldsymbol{I}_3 & \boldsymbol{O}_{3\times3} & \boldsymbol{O}_{3\times3} & \boldsymbol{O}_{3\times3} & \boldsymbol{O}_{3\times3}\\ \boldsymbol{O}_{3\times3} & \boldsymbol{O}_{3\times3} & \boldsymbol{O}_{3\times3} & \boldsymbol{O}_{3\times3} & \boldsymbol{I}_3 & \boldsymbol{O}_{3\times3}\\ \boldsymbol{O}_{3\times3} & \boldsymbol{O}_{3\times3} & \boldsymbol{O}_{3\times3} & \boldsymbol{O}_{3\times3} & \boldsymbol{O}_{3\times3} & \boldsymbol{I}_3\end{bmatrix} \tag{2-118}$$

式中：$\tilde{\boldsymbol{l}}^{\mathrm{T}}_{(15,16)(15,19)}$ 为第二输出端(15,19) 相对于第一输出端(15,16) 的叉乘矩阵：

$$\tilde{\boldsymbol{l}}_{(15,16)(15,19)}=\begin{bmatrix}0 & b_{13}-b_{23} & b_{22}-b_{12}\\ b_{23}-b_{13} & 0 & b_{11}-b_{21}\\ b_{12}-b_{22} & b_{21}-b_{11} & 0\end{bmatrix}$$

(7) 转台到起重臂后端的传递方程。

转台 15 与起重臂 20 的联接件 19 可以等效为弹簧和扭簧的作用，由空间弹簧和扭簧的传递方程可得到(15,19) 到点(19,20) 的传递方程为

$$\underset{12\times1}{\boldsymbol{Z}_{19,20'}}=\underset{12\times12}{\boldsymbol{U}_{19}}\ \underset{12\times1}{\boldsymbol{Z}_{15,19}} \tag{2-119}$$

式中：转台到起重臂传递矩阵 $\boldsymbol{U}_{19}$ 为

$$\underset{12\times12}{\boldsymbol{U}_{19}}=\begin{bmatrix}\boldsymbol{I}_3 & \boldsymbol{O}_{3\times3} & \boldsymbol{O}_{3\times3} & \boldsymbol{U}_{14}\\ \boldsymbol{O}_{3\times3} & I_3 & \boldsymbol{U}_{23} & \boldsymbol{O}_{3\times3}\\ \boldsymbol{O}_{3\times3} & \boldsymbol{O}_{3\times3} & \boldsymbol{I}_3 & \boldsymbol{O}_{3\times3}\\ \boldsymbol{O}_{3\times3} & \boldsymbol{O}_{3\times3} & \boldsymbol{O}_{3\times3} & \boldsymbol{I}_3\end{bmatrix} \tag{2-120}$$

$$\boldsymbol{U}_{14}=\begin{bmatrix}-\dfrac{1}{K_{x19}} & 0 & 0\\ 0 & -\dfrac{1}{K_{y19}} & 0\\ 0 & 0 & -\dfrac{1}{K_{z19}}\end{bmatrix}$$

$$\boldsymbol{U}_{23}=\begin{bmatrix}\dfrac{1}{K'_{x19}} & 0 & 0\\ 0 & \dfrac{1}{K'_{y19}} & 0\\ 0 & 0 & \dfrac{1}{K'_{z19}}\end{bmatrix}$$

式中：K_{x19}，K_{y19}，K_{z19}，K'_{x19}，K'_{y19}，K'_{z19} 是联接件 19 的等效弹簧刚度和等效扭簧刚度。

(8) 转台到变幅液压缸传递矩阵。

转台 15 与变幅液压缸 17 的联接 16 可以等效为弹簧和扭簧的作用，由空间弹簧和扭簧的传递方程可得到(15,16) 到点(16,17) 的传递方程为

$$\underset{12\times1}{\boldsymbol{Z}_{16,17'}} = \underset{12\times12}{\boldsymbol{U}_{16}}\ \underset{12\times1}{\boldsymbol{Z}_{15,16}} \tag{2-121}$$

式中：转台到变幅液压缸传递矩阵 $\boldsymbol{U}_{16}$ 为

$$\underset{12\times12}{\boldsymbol{U}_{16}} = \begin{bmatrix} \boldsymbol{I}_3 & \boldsymbol{O}_{3\times3} & \boldsymbol{O}_{3\times3} & \boldsymbol{U}_{14} \\ \boldsymbol{O}_{3\times3} & \boldsymbol{I}_3 & \boldsymbol{U}_{23} & \boldsymbol{O}_{3\times3} \\ \boldsymbol{O}_{3\times3} & \boldsymbol{O}_{3\times3} & \boldsymbol{I}_3 & \boldsymbol{O}_{3\times3} \\ \boldsymbol{O}_{3\times3} & \boldsymbol{O}_{3\times3} & \boldsymbol{O}_{3\times3} & \boldsymbol{I}_3 \end{bmatrix} \tag{2-122}$$

$$\boldsymbol{U}_{14} = \begin{bmatrix} -\dfrac{1}{K_{x16}} & 0 & 0 \\ 0 & -\dfrac{1}{K_{y16}} & 0 \\ 0 & 0 & -\dfrac{1}{K_{z16}} \end{bmatrix}$$

$$\boldsymbol{U}_{23} = \begin{bmatrix} \dfrac{1}{K'_{x16}} & 0 & 0 \\ 0 & \dfrac{1}{K'_{y16}} & 0 \\ 0 & 0 & \dfrac{1}{K'_{z16}} \end{bmatrix}$$

式中：K_{x16}，K_{y16}，K_{z16}，K'_{x16}，K'_{y16}，K'_{z16} 是联接 16 的等效弹簧刚度和等效扭簧刚度。

(9) 变幅液压缸的传递矩阵。

变幅液压缸可以等效为一端输入、一端输出的刚体，由刚体的传递方程可得回转部分的传递方程：

$$\underset{12\times1}{\boldsymbol{Z}_{17,18'}} = \underset{12\times12}{\boldsymbol{U}_{17}}\ \underset{12\times1}{\boldsymbol{Z}_{16,17}} \tag{2-123}$$

式中：变幅液压缸的传递矩阵 $\underset{12\times12}{\boldsymbol{U}_{17}}$ 为

$$\underset{12\times12}{\boldsymbol{U}_{17}} = \begin{bmatrix} \boldsymbol{I}_3 & \tilde{\boldsymbol{l}}^{\mathrm{T}}_{(16,17)(17,18)} & \boldsymbol{O}_{3\times3} & \boldsymbol{O}_{3\times3} \\ \boldsymbol{O}_{3\times3} & \boldsymbol{I}_3 & \boldsymbol{O}_{3\times3} & \boldsymbol{O}_{3\times3} \\ m_{17}\omega^2\,\tilde{\boldsymbol{l}}_{C_{17}(17,18)} & \omega^2\begin{bmatrix} m_{17}\,\tilde{\boldsymbol{l}}_{(16,17)(17,18)}\times \\ \tilde{\boldsymbol{l}}^{\mathrm{T}}_{(16,17)C_{17}} - \boldsymbol{J}_{(16,17)} \end{bmatrix} & \boldsymbol{I}_3 & \tilde{\boldsymbol{l}}_{(16,17)(17,18)} \\ m_{17}\omega^2\boldsymbol{I}_3 & m_{17}\omega^2\,\tilde{\boldsymbol{l}}^{\mathrm{T}}_{(16,17)C_{17}} & \boldsymbol{O}_{3\times3} & \boldsymbol{I}_3 \end{bmatrix} \tag{2-124}$$

$$\tilde{\boldsymbol{l}}_{(16,17)(17,18)} = \begin{bmatrix} 0 & -b_3 & b_2 \\ b_3 & 0 & -b_1 \\ -b_2 & b_1 & 0 \end{bmatrix}$$

$$\tilde{\boldsymbol{l}}_{(16,17)C_{17}} = \begin{bmatrix} 0 & -a_3 & a_2 \\ a_3 & 0 & -a_1 \\ -a_2 & a_1 & 0 \end{bmatrix}$$

$$\tilde{\boldsymbol{l}}_{C_{17}(17,18)} = \begin{bmatrix} 0 & a_3-b_3 & b_2-a_2 \\ b_3-a_3 & 0 & a_1-b_1 \\ a_2-b_2 & b_1-a_1 & 0 \end{bmatrix}$$

$$\boldsymbol{J}_{(16,17)} = \begin{bmatrix} J_x & -J_{xy} & -J_{xz} \\ -J_{xy} & J_y & -J_{yz} \\ -J_{xz} & -J_{yz} & J_z \end{bmatrix}$$

(10) 变幅液压缸到起重臂的传递方程。

起重臂通过两点(19,20)、(18,21) 与变幅液压缸、转台相连,使得转台、变幅液压缸和起重臂联接构成一个回路。将 20 与 21 的联接视为固定联接(无相对线位移与角位移),而起重臂与变幅液压缸的联接点(20,18) 视为弹簧与扭簧联接。所以利用点(20,18) 与点(18,21) 两边的位移(含角位移) 连续性条件和力(力矩) 的平衡,得到如下关系:

$$\boldsymbol{Z}_{18,21} = \boldsymbol{Z}_{20,18} + [0\ 0\ 0\ 0\ 0\ 0\ M_x\ M_y\ M_z\ Q_x\ Q_y\ Q_z]^{\mathrm{T}}_{17,18} \tag{2-125}$$

式(2-125) 可表示为

$$\underset{12\times1}{\boldsymbol{Z}_{18,21}} = \underset{12\times1}{\boldsymbol{Z}_{20,18}} + \underset{12\times12}{\boldsymbol{U}_{18}}\ \underset{12\times1}{\boldsymbol{Z}_{17,18}} \tag{2-126}$$

式中

$$\underset{12\times12}{\boldsymbol{U}_{18}} = \begin{bmatrix} \boldsymbol{O}_{3\times3} & \boldsymbol{O}_{3\times3} & \boldsymbol{O}_{3\times3} & \boldsymbol{O}_{3\times3} \\ \boldsymbol{O}_{3\times3} & \boldsymbol{O}_{3\times3} & \boldsymbol{O}_{3\times3} & \boldsymbol{O}_{3\times3} \\ \boldsymbol{O}_{3\times3} & \boldsymbol{O}_{3\times3} & \boldsymbol{I}_3 & \boldsymbol{O}_{3\times3} \\ \boldsymbol{O}_{3\times3} & \boldsymbol{O}_{3\times3} & \boldsymbol{O}_{3\times3} & \boldsymbol{I}_3 \end{bmatrix} \tag{2-127}$$

点(17,18) 和点(20,18) 的位移(角位移) 间有如下关系式:

$$\underset{6\times12}{\boldsymbol{U}_{18}^{(1)}}\ \underset{12\times1}{\boldsymbol{Z}_{17,18}} = [X\ Y\ Z\ \Theta_x\ \Theta_y\ \Theta_z]_{18,20}^{\mathrm{T}} = \underset{6\times12}{\boldsymbol{U}_{18}^{(2)}}\ \underset{12\times1}{\boldsymbol{Z}_{20,18}} \tag{2-128}$$

式中

$$\underset{6\times12}{\boldsymbol{U}_{18}^{(1)}} = \begin{bmatrix} \boldsymbol{I}_3 & \boldsymbol{O}_{3\times3} & \boldsymbol{O}_{3\times3} & \boldsymbol{U}_{14} \\ \boldsymbol{O}_{3\times3} & \boldsymbol{I}_3 & \boldsymbol{U}_{23} & \boldsymbol{O}_{3\times3} \end{bmatrix} \tag{2-129}$$

$$\boldsymbol{U}_{14} = \begin{bmatrix} -\dfrac{1}{K_{x18}} & 0 & 0 \\ 0 & -\dfrac{1}{K_{y18}} & 0 \\ 0 & 0 & -\dfrac{1}{K_{z18}} \end{bmatrix},\quad \boldsymbol{U}_{23} = \begin{bmatrix} \dfrac{1}{K'_{x18}} & 0 & 0 \\ 0 & \dfrac{1}{K'_{y18}} & 0 \\ 0 & 0 & \dfrac{1}{K'_{z18}} \end{bmatrix}$$

$$\boldsymbol{U}_{18}^{(2)} = [\boldsymbol{I}_6\quad \boldsymbol{O}_{6\times6}]$$

(11) 起重臂后部的传递矩阵。

将起重臂尾后部 20 视为刚体,所以起重臂后端点(19,20) 到点(20,18) 的传递方程如下:

$$\underset{12\times1}{\boldsymbol{Z}_{20,18}} = \underset{12\times12}{\boldsymbol{U}_{20}}\ \underset{12\times1}{\boldsymbol{Z}_{19,20}} \tag{2-130}$$

式中:起重臂后部的传递矩阵 $\boldsymbol{U}_{20}$ 为

$$\underset{12\times12}{\boldsymbol{U}_{20}} = \begin{bmatrix} \boldsymbol{I}_3 & \tilde{\boldsymbol{l}}_{(19,20)(20,18)}^{\mathrm{T}} & \boldsymbol{O}_{3\times3} & \boldsymbol{O}_{3\times3} \\ \boldsymbol{O}_{3\times3} & \boldsymbol{I}_3 & \boldsymbol{O}_{3\times3} & \boldsymbol{O}_{3\times3} \\ m_{20}\omega^2\ \tilde{\boldsymbol{l}}_{C_{20}(20,18)} & \omega^2\begin{pmatrix} m_{20}\ \tilde{\boldsymbol{l}}_{(19,20)(20,18)} \times \\ \tilde{\boldsymbol{l}}_{(19,20)C_{20}}^{\mathrm{T}} - \boldsymbol{J}_{(19,20)} \end{pmatrix} & \boldsymbol{I}_3 & \tilde{\boldsymbol{l}}_{(19,20)(20,18)} \\ m_{20}\omega^2\boldsymbol{I}_3 & m_{20}\omega^2\ \tilde{\boldsymbol{l}}_{(19,20)C_{20}}^{\mathrm{T}} & \boldsymbol{O}_{3\times3} & \boldsymbol{I}_3 \end{bmatrix} \tag{2-131}$$

$$\tilde{\boldsymbol{l}}_{(19,20)(20,18)} = \begin{bmatrix} 0 & -b_3 & b_2 \\ b_3 & 0 & -b_1 \\ -b_2 & b_1 & 0 \end{bmatrix}$$

$$\tilde{\boldsymbol{l}}_{(19,20)C_{20}} = \begin{bmatrix} 0 & -a_3 & a_2 \\ a_3 & 0 & -a_1 \\ -a_2 & a_1 & 0 \end{bmatrix}$$

$$\tilde{\boldsymbol{l}}_{C_{20}(20,18)} = \begin{bmatrix} 0 & a_3-b_3 & b_2-a_2 \\ b_3-a_3 & 0 & a_1-b_1 \\ a_2-b_2 & b_1-a_1 & 0 \end{bmatrix}$$

$$J_{(19,20)}=\begin{bmatrix} J_x & -J_{xy} & -J_{xz} \\ -J_{xy} & J_y & -J_{yz} \\ -J_{xz} & -J_{yz} & J_z \end{bmatrix}$$

(12) 起重臂的传递方程。

将起重装备的起重臂作为弹性振动梁处理，不计梁的纵向振动和扭转振动。则由梁的传递方程可得起重臂上从点(18,21)到点(21,22)及从点(21,22)到点(22,23)的传递方程为

$$\underset{12\times1}{\boldsymbol{Z}_{21,22}}=\underset{12\times12}{\boldsymbol{U}_{21}}\ \underset{12\times1}{\boldsymbol{Z}_{18,21}} \tag{2-132}$$

$$\underset{12\times1}{\boldsymbol{Z}_{22,23}}=\underset{12\times12}{\boldsymbol{U}_{22}}\ \underset{12\times1}{\boldsymbol{Z}_{21,22}} \tag{2-133}$$

式中:起重臂上从点(18,21)到点(21,22)的传递矩阵$\boldsymbol{U}_{21}$为

$$\underset{12\times12}{\boldsymbol{U}_{21}}=\begin{bmatrix} \boldsymbol{U}_{11} & \boldsymbol{U}_{12} & \boldsymbol{U}_{13} & \boldsymbol{U}_{14} \\ \boldsymbol{U}_{21} & \boldsymbol{U}_{22} & \boldsymbol{U}_{23} & \boldsymbol{U}_{24} \\ \boldsymbol{U}_{31} & \boldsymbol{U}_{32} & \boldsymbol{U}_{33} & \boldsymbol{U}_{34} \\ \boldsymbol{U}_{41} & \boldsymbol{U}_{42} & \boldsymbol{U}_{43} & \boldsymbol{U}_{44} \end{bmatrix} \tag{2-134}$$

式中

$$\boldsymbol{U}_{11}=\boldsymbol{U}_{22}=\boldsymbol{U}_{33}=\boldsymbol{U}_{44}=\begin{bmatrix} 1 & 0 & 0 \\ 0 & S(\lambda x_1) & 0 \\ 0 & 0 & S(\lambda x_1) \end{bmatrix}$$

$$\boldsymbol{U}_{12}=-\boldsymbol{U}_{34}=\begin{bmatrix} 0 & 0 & 0 \\ 0 & 0 & \dfrac{T(\lambda x_1)}{\lambda} \\ 0 & -\dfrac{T(\lambda x_1)}{\lambda} & 0 \end{bmatrix}$$

$$\boldsymbol{U}_{13}=-\boldsymbol{U}_{24}=\begin{bmatrix} 0 & 0 & 0 \\ 0 & 0 & \dfrac{U(\lambda x_1)}{EI\lambda^2} \\ 0 & -\dfrac{U(\lambda x_1)}{EI\lambda^2} & 0 \end{bmatrix}$$

$$\boldsymbol{U}_{14}=\begin{bmatrix} 0 & 0 & 0 \\ 0 & \dfrac{V(\lambda x_1)}{EI\lambda^3} & 0 \\ 0 & 0 & \dfrac{V(\lambda x_1)}{EI\lambda^3} \end{bmatrix}$$

$$\boldsymbol{U}_{21} = -\boldsymbol{U}_{43} = \begin{bmatrix} 0 & 0 & 0 \\ 0 & 0 & -\lambda V(\lambda x_1) \\ 0 & \lambda V(\lambda x_1) & 0 \end{bmatrix}$$

$$\boldsymbol{U}_{23} = \begin{bmatrix} 0 & 0 & 0 \\ 0 & \dfrac{T(\lambda x_1)}{EI\lambda} & 0 \\ 0 & 0 & \dfrac{T(\lambda x_1)}{EI\lambda} \end{bmatrix}$$

$$\boldsymbol{U}_{31} = -\boldsymbol{U}_{42} = \begin{bmatrix} 0 & 0 & 0 \\ 0 & 0 & -EI\lambda^2 U(\lambda x_1) \\ 0 & EI\lambda^2 U(\lambda x_1) & 0 \end{bmatrix}$$

$$\boldsymbol{U}_{32} = \begin{bmatrix} -J_x & 0 & 0 \\ 0 & EI\lambda V(\lambda x_1) & 0 \\ 0 & 0 & EI\lambda V(\lambda x_1) \end{bmatrix}$$

$$\boldsymbol{U}_{41} = \begin{bmatrix} m\omega^2 & 0 & 0 \\ 0 & EI\lambda^3 T(\lambda x_1) & 0 \\ 0 & 0 & EI\lambda^3 T(\lambda x_1) \end{bmatrix}$$

式中：x_1 是梁上点(18,21) 到点(21,22) 的长度；EI 为该段梁的抗弯刚度；m 为该段梁的线密度；S,V,U,T 为克雷洛夫函数，即

$$S(\lambda x_1) = \frac{\cosh(\lambda x_1) + \cos(\lambda x_1)}{2}, \quad V(\lambda x_1) = \frac{\sinh(\lambda x_1) - \sin(\lambda x_1)}{2}$$

$$U(\lambda x_1) = \frac{\cosh(\lambda x_1) - \cos(\lambda x_1)}{2}, \quad T(\lambda x_1) = \frac{\sinh(\lambda x_1) + \sin(\lambda x_1)}{2}$$

$$\lambda = \sqrt[4]{\frac{m\omega^2}{EI}} \tag{2-135}$$

$\boldsymbol{U}_{22}$ 的形式和 $\boldsymbol{U}_{21}$ 的形式相同，只是梁的对应长度、抗弯刚度、线密度不同而已。

(13) 方向角 α(见图 2-9 中转台 15 与回转支承 14 的夹角，图中未标出) 对应的坐标变换矩阵。

状态矢量 $\boldsymbol{Z}_{14,15}$ 定义在以输入端 i_{15}(14,15) 为坐标原点，以起重臂所指方向在水平面上的投影为 X 轴正方向的坐标系 $i_{15}XYZ$ 上。引入状态矢量 $\boldsymbol{Z}_{14,15'}$，它定义在以输入端 i_{15}(14,15) 为坐标原点，以车体向前方向为 X' 轴正向的坐标系 $i_{15}X'Y'Z'$ 上。坐标系 $i_{15}XYZ$ 与坐标系 $i_{15}X'Y'Z'$ 之间仅相差方向角 α，$\boldsymbol{Z}_{14,15}$ 与

$\boldsymbol{Z}_{14,15'}$ 之间的变换关系为

$$\underset{12\times1}{\boldsymbol{Z}_{14,15}} = \underset{12\times12}{\boldsymbol{H}_{\alpha}}\ \underset{12\times1}{\boldsymbol{Z}_{14,15'}} \tag{2-136}$$

式中:坐标变换矩阵为

$$\underset{12\times12}{\boldsymbol{H}_{\alpha}} = \begin{bmatrix} \boldsymbol{H}_{11} & & & \boldsymbol{O} \\ & \boldsymbol{H}_{22} & & \\ & & \boldsymbol{H}_{33} & \\ \boldsymbol{O} & & & \boldsymbol{H}_{44} \end{bmatrix} \tag{2-137}$$

$$\boldsymbol{H}_{ii} = \begin{bmatrix} \cos\alpha & 0 & -\sin\alpha \\ 0 & 1 & 0 \\ \sin\alpha & 0 & \cos\alpha \end{bmatrix} \quad (i=1,2,3,4)$$

(14) 变幅液压缸抬起角 θ_{17} 对应的坐标变换矩阵。

状态矢量 $\boldsymbol{Z}_{16,17}$ 定义在以输入端 $i_{17}(16,17)$ 为坐标原点,以变幅液压缸向上所指方向为 X 轴正方向的坐标系 $i_{17}XYZ$ 上。引入状态矢量 $\boldsymbol{Z}_{16,17'}$,它定义在以输入端 $i_{17}(16,17)$ 为坐标原点,以指向变幅液压缸在水平面上的投影为 X' 轴正向的坐标系 $i_{17}X'Y'Z'$ 上。坐标系 $i_{17}XYZ$ 与坐标系 $i_{17}X'Y'Z'$ 之间仅相差方向角 θ_{17},$\boldsymbol{Z}_{16,17}$ 与 $\boldsymbol{Z}_{16,17'}$ 之间的变换关系为

$$\underset{12\times1}{\boldsymbol{Z}_{16,17}} = \underset{12\times12}{\boldsymbol{H}_{\theta_{17}}}\ \underset{12\times1}{\boldsymbol{Z}_{16,17'}} \tag{2-138}$$

式中:坐标变换矩阵为

$$\underset{12\times12}{\boldsymbol{H}_{\theta_{17}}} = \begin{bmatrix} \boldsymbol{H}_{11} & & & \boldsymbol{O} \\ & \boldsymbol{H}_{22} & & \\ & & \boldsymbol{H}_{33} & \\ \boldsymbol{O} & & & \boldsymbol{H}_{44} \end{bmatrix} \tag{2-139}$$

$$\boldsymbol{H}_{ii} = \begin{bmatrix} \cos\theta_{17} & \sin\theta_{17} & 0 \\ -\sin\theta_{17} & \cos\theta_{17} & 0 \\ 0 & 0 & 1 \end{bmatrix} \quad (i=1,2,3,4)$$

(15) 起重臂抬起角 θ_{20} 对应的坐标变换矩阵。

状态矢量 $\boldsymbol{Z}_{19,20}$ 定义在以输入端 $i_{20}(19,20)$ 为坐标原点,以起重臂向上所指方向为 X 轴正方向的坐标系 $i_{20}XYZ$ 上。引入状态矢量 $\boldsymbol{Z}_{19,20'}$,它定义在以输入端 $i_{20}(19,20)$ 为坐标原点,以指向起重臂在水平面上的投影为 X' 轴正向的坐标系 $i_{20}X'Y'Z'$ 上。坐标系 $i_{20}XYZ$ 与坐标系 $i_{20}X'Y'Z'$ 之间仅相差方向角 θ_{20},$\boldsymbol{Z}_{19,20}$ 与 $\boldsymbol{Z}_{19,20'}$ 之间的变换关系为

$$\underset{12\times1}{\boldsymbol{Z}_{19,20}} = \underset{12\times12}{\boldsymbol{H}_{\theta_{20}}} \underset{12\times1}{\boldsymbol{Z}_{19,20'}} \tag{2-140}$$

式中：坐标变换矩阵为

$$\underset{12\times12}{\boldsymbol{H}_{\theta_{20}}} = \begin{bmatrix} \boldsymbol{H}_{11} & & & \boldsymbol{O} \\ & \boldsymbol{H}_{22} & & \\ & & \boldsymbol{H}_{33} & \\ \boldsymbol{O} & & & \boldsymbol{H}_{44} \end{bmatrix} \tag{2-141}$$

$$\boldsymbol{H}_{ii} = \begin{bmatrix} \cos\theta_{20} & \sin\theta_{20} & 0 \\ -\sin\theta_{20} & \cos\theta_{20} & 0 \\ 0 & 0 & 1 \end{bmatrix} \quad (i = 1,2,3,4)$$

(16) 起重臂相对于变幅液压缸夹角 $\theta_{21,17}$ 对应的坐标变换矩阵。

状态矢量 $\boldsymbol{Z}_{17,18}$ 定义在以输入端 $i_{21}(21,18)$ 为坐标原点，以起重臂 21 向上所指方向为 X 轴正方向的坐标系 $i_{21}XYZ$ 上。引入状态矢量 $\boldsymbol{Z}_{17,18'}$，它定义在以输入端 $i_{21}(18,21)$ 为坐标原点，以变幅液压缸 17 向上的指向为 X' 轴正向的坐标系 $i_{21}X'Y'Z'$ 上。坐标系 $i_{21}XYZ$ 与坐标系 $i_{21}X'Y'Z'$ 之间仅相差方向角 $\theta_{21,17}$，$\boldsymbol{Z}_{17,18}$ 与 $\boldsymbol{Z}_{17,18'}$ 之间的变换关系为

$$\underset{12\times1}{\boldsymbol{Z}_{17,18}} = \underset{12\times12}{\boldsymbol{H}_{\theta_{21,17}}} \underset{12\times1}{\boldsymbol{Z}_{17,18'}} \tag{2-142}$$

式中：坐标变换矩阵为

$$\underset{12\times12}{\boldsymbol{H}_{\theta_{21,17}}} = \begin{bmatrix} \boldsymbol{H}_{11} & & & \boldsymbol{O} \\ & \boldsymbol{H}_{22} & & \\ & & \boldsymbol{H}_{33} & \\ \boldsymbol{O} & & & \boldsymbol{H}_{44} \end{bmatrix} \tag{2-143}$$

$$\boldsymbol{H}_{ii} = \begin{bmatrix} \cos\theta_{21,17} & \sin\theta_{21,17} & 0 \\ -\sin\theta_{21,17} & \cos\theta_{21,17} & 0 \\ 0 & 0 & 1 \end{bmatrix} \quad (i = 1,2,3,4)$$

2.4.4　起重装备系统总传递矩阵

(1) 从地面(0,1－4) 到转台(15,16－19) 的传递方程。

$$\underset{24\times1}{\boldsymbol{Z}_{1\text{-}4,5\text{-}8}} = \underset{24\times24}{\boldsymbol{U}_{1\text{-}4}} \underset{24\times1}{\boldsymbol{Z}_{0,1\text{-}4}}$$

$$\underset{24\times1}{\boldsymbol{Z}_{5\text{-}8,9\text{-}12}} = \underset{24\times24}{\boldsymbol{U}_{5\text{-}8}} \underset{24\times1}{\boldsymbol{Z}_{1\text{-}4,5\text{-}8}}$$

$$\underset{18\times1}{\boldsymbol{Z}_{9\text{-}12,13}} = \underset{18\times24}{\boldsymbol{U}_{9\text{-}12}} \underset{24\times1}{\boldsymbol{Z}_{5\text{-}8,9\text{-}12}}$$

$$\underset{12\times1}{\boldsymbol{Z}_{13,14}} = \underset{12\times18}{\boldsymbol{U}_{13}} \underset{18\times1}{\boldsymbol{Z}_{9\text{-}12,13}}$$

$$\underset{12\times1}{\boldsymbol{Z}_{14,15}}=\underset{12\times12}{\boldsymbol{U}_{14}}\ \underset{12\times1}{\boldsymbol{Z}_{13,14}}$$

$$\underset{12\times12}{\boldsymbol{Z}_{14,15}}=\underset{12\times12}{\boldsymbol{H}_{\alpha}}\ \underset{12\times1}{\boldsymbol{Z}_{14,15'}}$$

$$\underset{12\times1}{\boldsymbol{Z}_{14,15}}=\underset{12\times18}{\boldsymbol{U}_{15}}\ \underset{18\times1}{\boldsymbol{Z}_{15,16\text{-}19}}$$

得到地面至起落部分的传递方程为

$$\boldsymbol{U}_{14\text{-}1\text{-}4}\boldsymbol{Z}_{0,1\text{-}4}-\boldsymbol{U}_{15}\boldsymbol{Z}_{15,6\text{-}19}=\boldsymbol{O} \tag{2-144}$$

式中：

$$\boldsymbol{U}_{14\text{-}1\text{-}4}=\boldsymbol{U}_{\alpha}\boldsymbol{U}_{14}\boldsymbol{U}_{13}\boldsymbol{U}_{9\text{-}12}\boldsymbol{U}_{5\text{-}8}\boldsymbol{U}_{1\text{-}4} \tag{2-145}$$

(2) 从地面(0,1－4) 到底架(13,9－12) 的传递方程。

$$\underset{24\times1}{\boldsymbol{Z}_{1\text{-}4,5\text{-}8}}=\underset{24\times24}{\boldsymbol{U}_{1\text{-}4}}\ \underset{24\times1}{\boldsymbol{Z}_{0,1\text{-}4}}$$

$$\underset{24\times1}{\boldsymbol{Z}_{5\text{-}8,9\text{-}12}}=\underset{24\times24}{\boldsymbol{U}_{5\text{-}8}}\ \underset{24\times1}{\boldsymbol{Z}_{1\text{-}4,5\text{-}8}}$$

$$\underset{18\times1}{\boldsymbol{Z}_{9\text{-}12,13}}=\underset{18\times24}{\boldsymbol{U}_{9\text{-}12}}\ \underset{24\times1}{\boldsymbol{Z}_{5\text{-}8,9\text{-}12}}$$

$$\underset{6\times18}{\boldsymbol{U}_{9\text{-}12}^{(1)}}\ \underset{18\times1}{\boldsymbol{Z}_{9\text{-}12,13}}=\underset{6\times24}{\boldsymbol{U}_{9\text{-}12}^{(2)}}\ \underset{24\times1}{\boldsymbol{Z}_{5\text{-}8,9\text{-}12}}$$

得到点(0,1－4) 到点(13,9－12) 的传递方程为

$$\boldsymbol{U}_{9\text{-}12\text{-}1\text{-}4}\boldsymbol{Z}_{0,1\text{-}4}=\boldsymbol{O} \tag{2-146}$$

$$\boldsymbol{U}_{9\text{-}12\text{-}1\text{-}4}=(\boldsymbol{U}_{9\text{-}12}^{(1)}\boldsymbol{U}_{9\text{-}12}-\boldsymbol{U}_{9\text{-}12}^{(2)})\boldsymbol{U}_{5\text{-}8}\boldsymbol{U}_{1\text{-}4} \tag{2-147}$$

(3) 从转台到起重臂前自由端的传递方程。

$$\underset{12\times1}{\boldsymbol{Z}_{15,16}}=\underset{12\times18}{\boldsymbol{U}_{15}^{(1)}}\ \underset{18\times1}{\boldsymbol{Z}_{15,16-18}}$$

$$\underset{12\times1}{\boldsymbol{Z}_{16,17'}}=\underset{12\times12}{\boldsymbol{U}_{16}}\ \underset{12\times1}{\boldsymbol{Z}_{15,16}}$$

$$\underset{12\times1}{\boldsymbol{Z}_{16,17}}=\underset{12\times12}{\boldsymbol{H}_{\theta_{17}}}\ \underset{12\times1}{\boldsymbol{Z}_{16,17'}}$$

$$\underset{12\times1}{\boldsymbol{Z}_{17,19'}}=\underset{12\times12}{\boldsymbol{U}_{17}}\ \underset{12\times1}{\boldsymbol{Z}_{16,17}}$$

$$\underset{12\times1}{\boldsymbol{Z}_{17,18}}=\underset{12\times12}{\boldsymbol{H}_{\theta_{21,17}}}\ \underset{12\times1}{\boldsymbol{Z}_{17,18'}}$$

$$\underset{12\times1}{\boldsymbol{Z}_{15,19}}=\underset{12\times18}{\boldsymbol{U}_{15}^{(2)}}\ \underset{18\times1}{\boldsymbol{Z}_{15,16\text{-}19}}$$

$$\underset{12\times1}{\boldsymbol{Z}_{19,20'}}=\underset{12\times12}{\boldsymbol{U}_{19}}\ \underset{12\times1}{\boldsymbol{Z}_{15,19}}$$

$$\underset{12\times1}{\boldsymbol{Z}_{19,20}}=\underset{12\times12}{\boldsymbol{H}_{\theta_{20}}}\ \underset{12\times1}{\boldsymbol{Z}_{19,20'}}$$

$$\underset{12\times1}{\boldsymbol{Z}_{20,18}}=\underset{12\times12}{\boldsymbol{U}_{20}}\ \underset{12\times1}{\boldsymbol{Z}_{19,20}}$$

$$\underset{12\times1}{\boldsymbol{Z}_{18,21}}=\underset{12\times1}{\boldsymbol{Z}_{20,18}}+\underset{12\times12}{\boldsymbol{U}_{18}}\ \underset{12\times1}{\boldsymbol{Z}_{17,18}}$$

$$\underset{12\times1}{\boldsymbol{Z}_{21,22}}=\underset{12\times12}{\boldsymbol{U}_{21}}\ \underset{12\times1}{\boldsymbol{Z}_{18,21}}$$

$$\underset{12\times1}{\boldsymbol{Z}_{22,23}}=\underset{12\times12}{\boldsymbol{U}_{22}}\ \underset{12\times1}{\boldsymbol{Z}_{21,22}}$$

得到点(15,16－19)到点(22,23)的传递方程为

$$\boldsymbol{Z}_{22,23}-\boldsymbol{U}_{22,16\text{-}19}\boldsymbol{Z}_{15,16\text{-}19}=\boldsymbol{O} \tag{2-148}$$

式中：

$$\boldsymbol{U}_{22,16\text{-}19}=U_{22}\boldsymbol{U}_{21}(\boldsymbol{U}_{20}\boldsymbol{H}_{\theta_{20}}U_{19}\boldsymbol{U}_{15}^{(2)}+U_{18}\boldsymbol{H}_{\theta_{21,17}}\boldsymbol{U}_{17}\boldsymbol{H}_{\theta_{17}}U_{16}\boldsymbol{U}_{15}^{(1)}) \tag{2-149}$$

(4) 分叉点(20,18) ~ 点(17,18)的传递方程。

$$\underset{12\times1}{\boldsymbol{Z}_{15,16}}=\underset{12\times18}{\boldsymbol{U}_{15}^{(1)}}\ \underset{18\times1}{\boldsymbol{Z}_{15,16\text{-}19}}$$

$$\underset{12\times1}{\boldsymbol{Z}_{16,17'}}=\underset{12\times12}{\boldsymbol{U}_{16}}\ \underset{12\times1}{\boldsymbol{Z}_{15,16}}$$

$$\underset{12\times1}{\boldsymbol{Z}_{16,17}}=\underset{12\times12}{\boldsymbol{H}_{\theta_{17}}}\ \underset{12\times1}{\boldsymbol{Z}_{16,17'}}$$

$$\underset{12\times1}{\boldsymbol{Z}_{17,18'}}=\underset{12\times12}{\boldsymbol{U}_{17}}\ \underset{12\times1}{\boldsymbol{Z}_{16,17}}$$

$$\underset{12\times1}{\boldsymbol{Z}_{17,18}}=\underset{12\times12}{\boldsymbol{H}_{\theta_{21,17}}}\ \underset{12\times1}{\boldsymbol{Z}_{17,18'}}$$

$$\underset{12\times1}{\boldsymbol{Z}_{15,19}}=\underset{12\times18}{\boldsymbol{U}_{15}^{(2)}}\ \underset{18\times1}{\boldsymbol{Z}_{15,16\text{-}19}}$$

$$\underset{12\times1}{\boldsymbol{Z}_{19,20'}}=\underset{12\times12}{\boldsymbol{U}_{19}}\ \underset{12\times1}{\boldsymbol{Z}_{15,19}}$$

$$\underset{12\times1}{\boldsymbol{Z}_{19,20}}=\underset{12\times12}{\boldsymbol{H}_{\theta_{20}}}\ \underset{12\times1}{\boldsymbol{Z}_{19,20'}}$$

$$\underset{12\times1}{\boldsymbol{Z}_{20,18}}=\underset{12\times12}{\boldsymbol{U}_{20}}\ \underset{12\times1}{\boldsymbol{Z}_{19,20}}$$

$$\underset{6\times12}{\boldsymbol{U}_{18}^{(1)}}\ \underset{12\times1}{\boldsymbol{Z}_{17,18}}=[X\ Y\ Z\ \Theta_x\ \Theta_y\ \Theta_z]_{18,20}^{\mathrm{T}}=\underset{6\times12}{\boldsymbol{U}_{18}^{(2)}}\ \underset{12\times1}{\boldsymbol{Z}_{20,18}}$$

得到

$$(\boldsymbol{U}_{18}^{(1)}\boldsymbol{H}_{\theta_{21,17}}\boldsymbol{U}_{17}H_{\theta_{17}}\boldsymbol{U}_{16}\boldsymbol{U}_{15}^{(1)}-\boldsymbol{U}_{18}^{(2)}\boldsymbol{U}_{20}\boldsymbol{H}_{\theta_{20}}\boldsymbol{U}_{19}\boldsymbol{U}_{15}^{(2)})\boldsymbol{Z}_{15,16\text{-}19}=\boldsymbol{O} \tag{2-150}$$

若令

$$\boldsymbol{U}_{18,16\text{-}19}=\boldsymbol{U}_{18}^{(1)}\boldsymbol{H}_{\theta_{21,17}}\boldsymbol{U}_{17}\boldsymbol{H}_{\theta_{17}}\boldsymbol{U}_{16}\boldsymbol{U}_{15}^{(1)}-\boldsymbol{U}_{18}^{(2)}\boldsymbol{U}_{20}\boldsymbol{H}_{\theta_{20}}\boldsymbol{U}_{19}\boldsymbol{U}_{15}^{(2)} \tag{2-151}$$

则式(2－150)可以写为

$$\boldsymbol{U}_{18,16-19}\boldsymbol{Z}_{15,16-19}=\boldsymbol{O} \tag{2-152}$$

(5) 起重装备系统总传递矩阵。

由式(2－144)、式(2－146)、式(2－148)、式(2－152)得

$$\underset{12\times24}{\boldsymbol{U}_{14\text{-}1\text{-}4}}\ \underset{24\times1}{\boldsymbol{Z}_{0,1\text{-}4}}-\underset{12\times18}{\boldsymbol{U}_{15}}\ \underset{18\times1}{\boldsymbol{Z}_{15,16\text{-}19}}=\boldsymbol{O}$$

$$\underset{6\times24}{\boldsymbol{U}_{9\text{-}12\text{-}1\text{-}4}}\ \underset{24\times1}{\boldsymbol{Z}_{0,1\text{-}4}}=\boldsymbol{O}$$

$$\underset{12\times1}{\boldsymbol{Z}_{22,23}}-\underset{12\times18}{\boldsymbol{U}_{22,16\text{-}19}}\ \underset{18\times1}{\boldsymbol{Z}_{15,16\text{-}19}}=\boldsymbol{O}$$

$$\underset{6\times18}{\boldsymbol{U}_{18,16\text{-}19}}\ \underset{18\times1}{\boldsymbol{Z}_{15,16\text{-}19}}=\boldsymbol{O}$$

得系统的总传递方程：

$$\underset{36\times54}{\boldsymbol{U}_{\mathrm{all}}}\ \underset{54\times1}{\boldsymbol{Z}_b}=\boldsymbol{O} \tag{2-153}$$

式中

$$Z_b = [\underset{24\times1}{Z^{\mathrm{T}}_{0,1\text{-}4}} \quad \underset{12\times1}{Z^{\mathrm{T}}_{22,23}} \quad \underset{18\times1}{Z^{\mathrm{T}}_{15,16\text{-}19}}]^{\mathrm{T}}_{54\times1} \tag{2-154}$$

由系统边界点的状态矢量组成，起重装备系统总体传递矩阵为

$$U_{\mathrm{all}} = \begin{bmatrix} \underset{12\times24}{U_{14\text{-}1\text{-}4}} & O_{12\times12} & -\underset{12\times18}{U_{15}} \\ \underset{6\times24}{U_{9\text{-}12\text{-}1\text{-}4}} & O_{6\times12} & O_{6\times18} \\ O_{12\times24} & I_{12} & -\underset{12\times18}{U_{22,16\text{-}19}} \\ O_{6\times24} & O_{6\times12} & \underset{6\times18}{U_{18,\text{-}16\text{-}19}} \end{bmatrix}_{36\times54} \tag{2-155}$$

2.5 起重装备动力学方程

2.5.1 起重装备元件动力学方程

多体系统总是可以用集中质量、刚体、弹性体等体元件按一定的铰接方式联接而成。对于任一单个的体元件 j，体元件的体动力学方程均可以写成如下矩阵形式：

$$M_j v_{j,tt} + C_j v_{j,t} + K_j v_j = f_j \tag{2-156}$$

式中：M_j 表征体元件的质量分布，其元素为体元件的质量、惯量矩阵和质心位置；K_j 是体元件的刚度矩阵，表示体元件在各个铰接点所受的内力与位移的关系；C_j 是体元件的阻尼矩阵；v_j 为体元件的位移(包括线位移、角位移) 组成的列阵，由 v_j 中的元素对应的模态坐标组成的列阵为 V_j；f_j 为体元件所受的外力合矩阵。M_j，C_j，K_j，v_j，V_j，f_j 称为体元件 j 的参数矩阵。由下面的讨论可知，体参数矩阵中，f_j，M_j，v_j，V_j 与体的输入端的情况相关，而 K_j，C_j 则与输入端和输出端的情况有关。

无论什么体元件，用多体系统传递矩阵法均具有相同标准形式的动力学方程[见式(2-156)]，区别仅在于参数矩阵 M_j，C_j，K_j，v_j，V_j，f_j 的形式不同。对于由 n 个体元件按一定铰接方式联接组成的多体系统，用多体系统传递矩阵法只需按序列写出具有标准形式的元件的体动力学方程，即可得到多体系统的体动力学方程。多体系统传递矩阵法将原来很复杂的问题简单化，使系统的动力学方程数等于多体系统体元件动力学方程数之和。

定义如下微分算子 D^3，D^1 和 d^3，d^1。

$$\left.\begin{array}{lll} D^3\mid\alpha_j\quad x_{I_1}=q_{x\alpha_j}, & D^3\mid\alpha_j\quad y_{I_1}=q_{y\alpha_j}, & D^3\mid\alpha_j\quad z_{I_1}=q_{z\alpha_j} \\ D^3\mid\alpha_j\quad \boldsymbol{X}^k_{I_1}=\boldsymbol{Q}^k_{x\alpha_j}, & D^3\mid\alpha_j\quad \boldsymbol{Y}^k_{I_1}=\boldsymbol{Q}^k_{y\alpha_j}, & D^3\mid\alpha_j\quad \boldsymbol{Z}^k_{I_1}=\boldsymbol{Q}^k_{z\alpha_j} \\ D^1\mid\alpha_j\quad \theta_{xI_1}=m_{x\alpha_j}, & D^1\mid\alpha_j\quad \theta_{yI_1}=m_{y\alpha_j}, & D^1\mid\alpha_j\quad \theta_{zI_1}=m_{z\alpha_j} \\ D^1\mid\alpha_j\quad \boldsymbol{\Theta}^k_{xI_1}=\boldsymbol{M}^k_{x\alpha_j}, & D^1\mid\alpha_j\quad \boldsymbol{\Theta}^k_{yI_1}=\boldsymbol{M}^k_{y\alpha_j}, & D^1\mid\alpha_j\quad \boldsymbol{\Theta}^k_{zI_1}=\boldsymbol{M}^k_{z\alpha_j} \end{array}\right\} \tag{2-157}$$

$$\left.\begin{array}{lll} d^3\mid\alpha_j\quad x_{I_1}=q^d_{x\alpha_j}, & d^3\mid\alpha_j\quad y_{I_1}=q^d_{y\alpha_j}, & d^3\mid\alpha_j\quad z_{I_1}=q^d_{z\alpha_j} \\ d^1\mid\alpha_j\quad \theta_{xI_1}=m^d_{x\alpha_j}, & d^1\mid\alpha_j\quad \theta_{yI_1}=m^d_{y\alpha_j}, & d^1\mid\alpha_j\quad \theta_{zI_1}=m^d_{z\alpha_j} \end{array}\right\} \tag{2-158}$$

式中：上标 k 表示对应的模态阶次；$\alpha=I,O,I$(Input) 表示输入端，O(Output) 表示输出端；下标 I_j 表示第 j 个输入端；下标 O_j 表示第 j 个输出端。

只需按照序列写出起重装备的体元件动力学方程，就可以得到相应的起重装备的体动力学方程：

$$\boldsymbol{M}_j\boldsymbol{v}_{j,tt}+\boldsymbol{C}_j\boldsymbol{v}_{j,t}+\boldsymbol{K}_j\boldsymbol{v}_j=\boldsymbol{f}_j\quad(j=5,6,7,8,13,15,17,20,21,22) \tag{2-159}$$

式中：j 为体元件的编号，前面讨论的起重装备动力学模型的体动力学方程共有 44 个。并且与起重装备动力学模型对应的 $\boldsymbol{C}_j$ 由 $\boldsymbol{K}_j$ 作相应替换可得。$\boldsymbol{v}_j$，$\boldsymbol{V}_j$ 的下标表示体序列号 j，同时隐含了体 j(第一) 输入端个体的空间坐标；$\boldsymbol{v}_{j\text{-}k}$，$\boldsymbol{V}_{j\text{-}k}$ 的下标表示 j，$j+1,\cdots,k$ 个体的序号，同时隐含了 $j,j+1,\cdots,k$ 个体的空间坐标；关于 $\boldsymbol{v}_j$，$\boldsymbol{V}_j$ 等式右边的数字下标表示该下标对应点的空间坐标。下面根据各个个体的动力学方程，给出体元件的参数矩阵。

(1) 空间运动活动腿的参数矩阵。

$$\boldsymbol{v}_{5\text{-}8}(t)=[x_{5,1}(t)\ y_{5,1}(t)\ z_{5,1}(t)\ \cdots\ x_{8,4}(t)\ y_{8,4}(t)\ z_{8,4}(t)]^{\mathrm{T}} \tag{2-160}$$

$$\boldsymbol{V}^k_{5\text{-}8}=[X^k_{5,1}\ Y^k_{5,1}\ Z^k_{5,1}\ \cdots\ X^k_{8,4}\ Y^k_{8,4}\ Z^k_{8,4}]^{\mathrm{T}} \tag{2-161}$$

$$\boldsymbol{f}_{5\text{-}8}(t)=[f_{x5}(t)\ f_{y5}(t)\ f_{z5}(t)\ \cdots\ f_{x8}(t)\ f_{y8}(t)\ f_{z8}(t)]^{\mathrm{T}} \tag{2-162}$$

$$\boldsymbol{M}_{5\text{-}8}=\begin{bmatrix} m_5 & 0 & 0 & 0 & 0 & 0 & 0 \\ 0 & m_5 & 0 & 0 & 0 & 0 & 0 \\ 0 & 0 & m_5 & 0 & 0 & 0 & 0 \\ 0 & 0 & 0 & \cdots & 0 & 0 & 0 \\ 0 & 0 & 0 & 0 & m_8 & 0 & 0 \\ 0 & 0 & 0 & 0 & 0 & m_8 & 0 \\ 0 & 0 & 0 & 0 & 0 & 0 & m_8 \end{bmatrix} \tag{2-163}$$

$$\boldsymbol{K}_{5\text{-}8}=\begin{bmatrix} \underset{3\times3}{\boldsymbol{K}_{11}} & & & \boldsymbol{O} \\ & \underset{3\times3}{\boldsymbol{K}_{22}} & & \\ & & \underset{3\times3}{\boldsymbol{K}_{33}} & \\ \boldsymbol{O} & & & \underset{3\times3}{\boldsymbol{K}_{44}} \end{bmatrix} \tag{2-164}$$

$$\boldsymbol{C}_{5\text{-}8}=\begin{bmatrix}\underset{3\times3}{\boldsymbol{C}_{11}} & & & \boldsymbol{O}\\ & \underset{3\times3}{\boldsymbol{C}_{22}} & & \\ & & \underset{3\times3}{\boldsymbol{C}_{33}} & \\ \boldsymbol{O} & & & \underset{3\times3}{\boldsymbol{C}_{44}}\end{bmatrix} \tag{2-165}$$

式中：

$$\boldsymbol{K}_{ii}=\begin{bmatrix}-D^3|_{(i+4,i)}+D^3|_{(i+4,i+8)} & 0 & 0\\ 0 & -D^3|_{(i+4,i)}+D^3|_{(i+4,i+8)} & 0\\ 0 & 0 & -D^3|_{(i+4,i)}+D^3|_{(i+4,i+8)}\end{bmatrix}$$

$$\boldsymbol{C}_{ii}=\begin{bmatrix}-d^3|_{(i+4,i)}+d^3|_{(i+4,i+8)} & 0 & 0\\ 0 & -d^3|_{(i+4,i)}+d^3|_{(i+4,i+8)} & 0\\ 0 & 0 & -d^3|_{(i+4,i)}+d^3|_{(i+4,i+8)}\end{bmatrix}$$

(2) 底架 13 的参数矩阵。

$$\boldsymbol{v}_{13}(t)=[x_{9,13}(t)\ y_{9,13}(t)\ z_{9,13}(t)\ \theta_{x9,13}(t)\ \theta_{y9,13}(t)\ \theta_{z9,13}(t)]^{\mathrm{T}} \tag{2-166}$$

$$\boldsymbol{V}_{13}^{k}=[X_{13,9}^{k}\ Y_{13,9}^{k}\ Z_{13,9}^{k}\ \Theta_{x13,9}^{k}\ \Theta_{y13,9}^{k}\ \Theta_{z13,9}^{k}]^{\mathrm{T}} \tag{2-167}$$

$$\begin{aligned}\boldsymbol{f}_{13}(t)=[&f_{x13}(t)\quad f_{y13}(t)\quad f_{z13}(t)\quad m_{x13}-a_3f_{y13}(t)+a_2f_{z13}(t)\\ &m_{y13}+a_3f_{x13}(t)-a_1f_{z13}(t)\quad m_{z13}-a_2f_{x13}(t)+\\ &a_1f_{y13}(t)]^{\mathrm{T}}\end{aligned} \tag{2-168}$$

$$\boldsymbol{M}_{13}=\begin{bmatrix}m_{13}\boldsymbol{I}_3 & m_{13}\tilde{\boldsymbol{a}}_{13}^{\mathrm{T}}\\ m_{13}\tilde{\boldsymbol{a}}_{13} & \boldsymbol{J}_{13}\end{bmatrix} \tag{2-169}$$

$$\boldsymbol{K}_{13}=\begin{bmatrix}-\sum_{i=1}^{4}D^3|_{(13,i+8)}\boldsymbol{I}_3+D^3|_{(13,14)}\boldsymbol{I}_3 & \boldsymbol{O}_{3\times3}\\ -\sum_{i=1}^{4}\tilde{\boldsymbol{l}}_{(13,9)(13,i+8)}D^3|_{(13,i+8)}\boldsymbol{I}_3+\tilde{\boldsymbol{l}}_{(13,9)(13,14)}D^3|_{(13,14)}\boldsymbol{I}_3 & -D^1|_{(13,14)}\boldsymbol{I}_3\end{bmatrix} \tag{2-170}$$

$$\boldsymbol{C}_{13}=\begin{bmatrix}-\sum_{i=1}^{4}d^3|_{(13,i+8)}\boldsymbol{I}_3+d^3|_{(13,14)}\boldsymbol{I}_3 & \boldsymbol{O}_{3\times3}\\ -\sum_{i=1}^{4}\tilde{\boldsymbol{l}}_{(13,9)(13,i+8)}d^3|_{(13,i+8)}\boldsymbol{I}_3+\tilde{\boldsymbol{l}}_{(13,9)(13,14)}d^3|_{(13,14)}\boldsymbol{I}_3 & -d^1|_{(13,14)}\boldsymbol{I}_3\end{bmatrix} \tag{2-171}$$

式中：$\boldsymbol{J}_{13}$ 和 $\boldsymbol{a}_{13}=[a_1\ a_2\ a_3]^{\mathrm{T}}$ 分别为刚体 13 相对于第一输入端(9,13) 为坐标原点的惯量矩阵和刚体质心 C_{13} 的坐标列阵；m_{13} 为刚体 13 的质量；$\tilde{\boldsymbol{l}}_{(13,9)(13,14)}$ 为输出点(13,14) 相对于点(9,13) 矢径的叉乘矩阵。

$$\boldsymbol{J}_{13}=\begin{bmatrix} J_x & -J_{xy} & -J_{xz} \\ -J_{xy} & J_y & -J_{yz} \\ -J_{xz} & -J_{yz} & J_z \end{bmatrix}$$

$$\tilde{\boldsymbol{l}}_{(9,13)(13,14)}=\begin{bmatrix} 0 & -b_3 & b_2 \\ b_3 & 0 & -b_1 \\ -b_2 & b_1 & 0 \end{bmatrix}$$

$$\tilde{\boldsymbol{l}}_{(9,13)(13,i+8)}=\begin{bmatrix} 0 & -b_{i3} & b_{i2} \\ b_{i3} & 0 & -b_{i1} \\ -b_{i2} & b_{i1} & 0 \end{bmatrix} \quad (i=1,2,3,4)$$

$$\tilde{\boldsymbol{a}}_{13}=\begin{bmatrix} 0 & -a_3 & a_2 \\ a_3 & 0 & -a_1 \\ -a_2 & a_1 & 0 \end{bmatrix}$$

式中：(b_1,b_2,b_3) 为输出点(13,14) 的坐标；$(b_{i1},b_{i2},b_{i3})(i=1,2,3,4)$ 为点(13, $i+8$) 的坐标。

(3) 转台 15 的传递矩阵。

$$\boldsymbol{v}_{15}(t)=[x_{14,15}(t)\ y_{14,15}(t)\ z_{14,15}(t)\ \theta_{x14,15}(t)\ \theta_{y14,15}(t)\ \theta_{z14,15}(t)]^{\mathrm{T}} \tag{2-172}$$

$$\boldsymbol{V}_{15}^{k}=[X_{14,15}^{k}\ Y_{14,15}^{k}\ Z_{14,15}^{k}\ \Theta_{x14,15}^{k}\ \Theta_{y14,15}^{k}\ \Theta_{z14,15}^{k}]^{\mathrm{T}} \tag{2-173}$$

$$\begin{aligned}\boldsymbol{f}_{15}(t)=[&f_{x15}(t)\quad f_{y15}(t)\quad f_{z15}(t)\quad m_{x15}-a_3f_{y15}(t)+a_2f_{z15}(t)\\ &m_{y15}+a_3f_{x15}(t)-a_1f_{z15}(t)\quad m_{z15}-a_2f_{x15}(t)+\\ &a_1f_{y15}(t)]^{\mathrm{T}}\end{aligned} \tag{2-174}$$

$$\boldsymbol{M}_{15}=\begin{bmatrix} m_{15}\boldsymbol{I}_3 & m_{15}\tilde{\boldsymbol{a}}_{15}^{\mathrm{T}} \\ m_{15}\tilde{\boldsymbol{a}}_{15} & \boldsymbol{J}_{15} \end{bmatrix} \tag{2-175}$$

$$\boldsymbol{K}_{15}=\begin{bmatrix} -D^3|_{(14,15)}\boldsymbol{I}_3+D^3|_{(15,16)}\boldsymbol{I}_3+D^3|_{(15,19)}\boldsymbol{I}_3 & \boldsymbol{O}_{3\times3} \\ \tilde{\boldsymbol{l}}_{(14,15)(15,16)}D^3|_{(15,16)}\boldsymbol{I}_3+\tilde{\boldsymbol{l}}_{(14,15)(15,19)}D^3|_{(15,19)}\boldsymbol{I}_3 & D^1|_{(14,15)}\boldsymbol{I}_3-D^1|_{(15,16)}\boldsymbol{I}_3-D^1|_{(15,19)}\boldsymbol{I}_3 \end{bmatrix} \tag{2-176}$$

$$\boldsymbol{C}_{15}=\begin{bmatrix} -d^3|_{(14,15)}\boldsymbol{I}_3+d^3|_{(15,16)}\boldsymbol{I}_3+d^3|_{(15,19)}\boldsymbol{I}_3 & \boldsymbol{O}_{3\times3} \\ \tilde{\boldsymbol{l}}_{(14,15)(15,16)}d^3|_{(15,16)}\boldsymbol{I}_3+\tilde{\boldsymbol{l}}_{(14,15)(15,19)}d^3|_{(15,19)}\boldsymbol{I}_3 & d^1|_{(14,15)}\boldsymbol{I}_3-d^1|_{(15,16)}\boldsymbol{I}_3-d^1|_{(15,19)}\boldsymbol{I}_3 \end{bmatrix} \tag{2-177}$$

式中：$\boldsymbol{J}_{15}$ 和 $\boldsymbol{a}_{15}=[a_1\ a_2\ a_3]^{\mathrm{T}}$ 分别为刚体 15 相对于第一输入端(14,15) 为坐标原点的惯量矩阵和刚体质心 C_{15} 的坐标列阵；m_{15} 为刚体 15 的质量；$\tilde{\boldsymbol{a}}_{15}$ 为质心点

相对于输入点(14,15) 的叉乘矩阵。

(4) 变幅液压缸 17 的参数矩阵。

$$\boldsymbol{v}_{17}(t) = [x_{16,17}(t)\ y_{16,17}(t)\ z_{16,17}(t)\ \theta_{x16,17}(t)\ \theta_{y16,17}(t)\ \theta_{z16,17}(t)]^{\mathrm{T}} \tag{2-178}$$

$$\boldsymbol{V}_{15}^{k} = [X_{14,15}^{k}\ Y_{14,15}^{k}\ Z_{14,15}^{k}\ \Theta_{x14,15}^{k}\ \Theta_{y14,15}^{k}\ \Theta_{z14,15}^{k}]^{\mathrm{T}} \tag{2-179}$$

$$\begin{aligned}\boldsymbol{f}_{17}(t) = [&f_{x17}(t)\quad f_{y17}(t)\quad f_{z17}(t)\quad m_{x17} - a_3 f_{y17}(t) + a_2 f_{z17}(t)\\ &m_{y17} + a_3 f_{z17}(t) - a_1 f_{z17}(t)\quad m_{z17} + a_2 f_{x17}(t) - \\ &a_1 f_{y17}(t)\ ]^{\mathrm{T}}\end{aligned} \tag{2-180}$$

$$\boldsymbol{M}_{17} = \begin{bmatrix} m_{17}\boldsymbol{I}_3 & m_{15}\tilde{\boldsymbol{a}}_{17}^{\mathrm{T}} \\ m_{17}\tilde{\boldsymbol{a}}_{17} & \boldsymbol{J}_{17} \end{bmatrix} \tag{2-181}$$

$$\boldsymbol{K}_{17} = \begin{bmatrix} -D^3|_{(16,17)}\boldsymbol{I}_3 + D^3|_{(17,18)}\boldsymbol{I}_3 & \boldsymbol{O}_{3\times3} \\ \tilde{\boldsymbol{l}}_{(16,17)(17,18)}D^3|_{(17,18)}\boldsymbol{I}_3 & D^1|_{(16,17)}\boldsymbol{I}_3 - D^1|_{(17,18)}\boldsymbol{I}_3 \end{bmatrix} \tag{2-182}$$

$$\boldsymbol{C}_{17} = \begin{bmatrix} -d^3|_{(16,17)}\boldsymbol{I}_3 + d^3|_{(17,18)}\boldsymbol{I}_3 & \boldsymbol{O}_{3\times3} \\ \tilde{\boldsymbol{l}}_{(16,17)(17,18)}d^3|_{(17,18)}\boldsymbol{I}_3 & d^1|_{(16,17)}\boldsymbol{I}_3 - d^1|_{(17,18)}\boldsymbol{I}_3 \end{bmatrix} \tag{2-183}$$

式中:$\boldsymbol{J}_{17}$ 和 $\boldsymbol{a}_{17} = [a_1\ a_2\ a_3]^{\mathrm{T}}$ 分别为刚体 17 相对于第一输入端(16,17) 为坐标原点的惯量矩阵和刚体质心 C_{17} 的坐标列阵;m_{17} 为刚体 17 的质量;$\tilde{\boldsymbol{a}}_{17}$ 为质心点相对于输入点(16,17) 的叉乘矩阵。

(5) 起重臂后部 20 的参数矩阵。

$$\boldsymbol{v}_{20}(t) = [x_{19,20}(t)\ y_{19,20}(t)\ z_{19,20}(t)\ \theta_{x19,20}(t)\ \theta_{y19,20}(t)\ \theta_{z19,20}(t)]^{\mathrm{T}} \tag{2-184}$$

$$\boldsymbol{V}_{20}^{k} = [X_{19,20}^{k}\ Y_{19,20}^{k}\ Z_{19,20}^{k}\ \Theta_{x19,20}^{k}\ \Theta_{y19,20}^{k}\ \Theta_{z19,20}^{k}]^{\mathrm{T}} \tag{2-185}$$

$$\begin{aligned}\boldsymbol{f}_{20}(t) = [&f_{x20}(t)\quad f_{y20}(t)\quad f_{z20}(t)\quad m_{x20} - a_3 f_{y20}(t) + a_2 f_{z20}(t)\\ &m_{y20} + a_3 f_{x20}(t) - a_1 f_{z20}(t)\quad m_{z20} + a_2 f_{x20}(t) - \\ &a_1 f_{y20}(t)\ ]^{\mathrm{T}}\end{aligned} \tag{2-186}$$

$$\boldsymbol{K}_{20} = \begin{bmatrix} -D^3|_{(19,20)}\boldsymbol{I}_3 - D^3|_{(18,20)}\boldsymbol{I}_3 + D^3|_{(20,21)}\boldsymbol{I}_3 & \boldsymbol{O}_{3\times3} \\ -\tilde{l}_{(19,20)(17,20)}D^3|_{(18,20)}\boldsymbol{I}_3 + \tilde{l}_{(19,20)(20,21)}D^3|_{(20,21)}\boldsymbol{I}_3 & D^1|_{(19,20)}\boldsymbol{I}_3 + D^1|_{(18,20)}\boldsymbol{I}_3 - D^1|_{(18,20)}\boldsymbol{I}_3 \end{bmatrix} \tag{2-187}$$

$$\boldsymbol{C}_{20} = \begin{bmatrix} -d^3|_{(19,20)}\boldsymbol{I}_3 - d^3|_{(18,20)}\boldsymbol{I}_3 + d^3|_{(20,21)}\boldsymbol{I}_3 & \boldsymbol{O}_{3\times3} \\ -\tilde{l}_{(19,20)(17,20)}d^3|_{(18,20)}\boldsymbol{I}_3 + \tilde{l}_{(19,20)(20,21)}d^3|_{(20,21)}\boldsymbol{I}_3 & d^1|_{(19,20)}\boldsymbol{I}_3 + d^1|_{(18,20)}\boldsymbol{I}_3 - d^1|_{(18,20)}\boldsymbol{I}_3 \end{bmatrix} \tag{2-188}$$

式中:$\boldsymbol{J}_{20}$ 和 $\boldsymbol{a}_{20} = [a_1\ a_2\ a_3]^{\mathrm{T}}$ 分别为刚体 20 相对于第一输入端(19,20) 为坐标

原点的惯量矩阵和刚体质心 C_{20} 的坐标列阵；m_{20} 为刚体 20 的质量；$\tilde{\boldsymbol{a}}_{20}$ 为质心点相对于输入点(18,20)的叉乘矩阵。

(6) 起重臂中部 21(不计纵向和扭转振动)的参数矩阵。

$$\boldsymbol{v}_{21}(t)=\left[x_{20,21}(t)\quad \theta_{x20,21}(t)\quad y(x_1,t)\big|_{x_1\in\Omega_{21}}\quad z(x_1,t)\big|_{x_1\in\Omega_{21}}\right]^{\mathrm{T}} \tag{2-189}$$

$$\boldsymbol{V}_{21}^{k}=\left[X_{21}^{k}\quad \Theta_{x21}^{k}\quad Y_{21}^{k}(x_1)\big|_{x_1\in\Omega_{21}}\quad Z_{21}^{k}(x_1)\big|_{x_1\in\Omega_{21}}\right]^{\mathrm{T}} \tag{2-190}$$

$$\boldsymbol{f}_{21}=\begin{bmatrix}\displaystyle\int_{\Omega_{21}} f_x(x_1,t)\mathrm{d}x_1\\ \displaystyle\int_{\Omega_{21}} m_x(x_1,t)\mathrm{d}x_1\\ f_y(x_1,t)-\dfrac{\partial}{\partial x_1}m_z(x_1,t)\big|_{x_1\in\Omega_{21}}\\ f_z(x_1,t)-\dfrac{\partial}{\partial x_1}m_y(x_1,t)\big|_{x_1\in\Omega_{21}}\end{bmatrix} \tag{2-191}$$

$$\boldsymbol{M}_{21}=\begin{bmatrix}m_{21} & 0 & 0 & 0\\ 0 & J_{x21} & 0 & 0\\ 0 & 0 & \bar{m}\big|_{x_1\in\Omega_{21}} & 0\\ 0 & 0 & 0 & \bar{m}\big|_{x_1\in\Omega_{21}}\end{bmatrix} \tag{2-192}$$

$$\boldsymbol{K}_{21}=\begin{bmatrix}-D^3\big|_{(20,21)}+D^3\big|_{(21,22)} & 0 & 0 & 0\\ 0 & D^1\big|_{(20,21)}-D^1\big|_{(21,22)} & 0 & 0\\ 0 & 0 & EI\dfrac{\partial^4}{\partial x^4}\big|x_1\in\Omega_{21} & 0\\ 0 & 0 & 0 & EI\dfrac{\partial^4}{\partial x^4}\big|x_1\in\Omega_{21}\end{bmatrix} \tag{2-193}$$

$$\boldsymbol{C}_{21}=\begin{bmatrix}-d^3\big|_{(20,21)}+d^3\big|_{(21,22)} & 0 & 0 & 0\\ 0 & d^1\big|_{(20,21)}-d^1\big|_{(21,22)} & 0 & 0\\ 0 & 0 & \bar{C}_y & 0\\ 0 & 0 & 0 & \bar{C}_z\end{bmatrix} \tag{2-194}$$

式中：m_{21} 为起重臂中部 21 的质量；J_{x21} 为起重臂中部 21 在 x 方向的转动惯量；$\bar{m}\big|_{x_1\in\Omega_{21}}$ 为起重臂中部 21 的线密度。

起重臂前部 22 的参数矩阵与起重臂中部 21 的参数矩阵类似，将参数变为起重臂 22 的参数即可。

(7) 重物 24 的参数矩阵。

$$\boldsymbol{v}_{24}(t)=[x_{23,24}(t)\ y_{23,24}(t)\ z_{23,24}(t)]^{\mathrm{T}} \tag{2-195}$$

$$\boldsymbol{V}_{24}^{k}=[X_{23,24}^{k}\ Y_{23,24}^{k}\ Z_{23,24}^{k}]^{\mathrm{T}} \tag{2-196}$$

$$\boldsymbol{f}_{24}(t)=[f_{x24}(t)\ f_{y24}(t)\ f_{z24}(t)]^{\mathrm{T}} \tag{2-197}$$

$$\boldsymbol{M}_{24}=\begin{bmatrix} m_{24} & 0 & 0 \\ 0 & m_{24} & 0 \\ 0 & 0 & m_{24} \end{bmatrix} \tag{2-198}$$

$$\boldsymbol{K}_{24}=\begin{bmatrix} -D^3|_{(24,23)}+D^3|_{(24,25)} & 0 & 0 \\ 0 & -D^3|_{(24,23)}+D^3|_{(24,25)} & 0 \\ 0 & 0 & -D^3|_{(24,23)}+D^3|_{(24,25)} \end{bmatrix} \tag{2-199}$$

$$\boldsymbol{C}_{24}=\begin{bmatrix} -d^3|_{(24,23)}+d^3|_{(24,25)} & 0 & 0 \\ 0 & -d^3|_{(24,23)}+d^3|_{(24,25)} & 0 \\ 0 & 0 & -d^3|_{(24,23)}+d^3|_{(24,25)} \end{bmatrix} \tag{2-200}$$

2.5.2 起重装备总体动力学方程

起重装备总体的质量增广算子为

$$\boldsymbol{M}=\begin{bmatrix} \underset{12\times12}{\boldsymbol{M}_{5-8}} & & & & & & \\ & \underset{6\times6}{\boldsymbol{M}_{13}} & & & & & \\ & & \underset{6\times6}{\boldsymbol{M}_{15}} & & & & \\ & & & \underset{6\times6}{\boldsymbol{M}_{17}} & & & \\ & & & & \underset{6\times6}{\boldsymbol{M}_{20}} & & \\ & & & & & \underset{4\times4}{\boldsymbol{M}_{21}} & \\ & & & & & & \underset{4\times4}{\boldsymbol{M}_{22}} \end{bmatrix}_{44\times44} \tag{2-201}$$

起重装备总体的刚度增广算子为

$$
\boldsymbol{K}=\begin{bmatrix} \underset{12\times12}{\boldsymbol{K}_{5-8}} & & & & & & \\ & \underset{6\times6}{\boldsymbol{K}_{13}} & & & & & \\ & & \underset{6\times6}{\boldsymbol{K}_{15}} & & & & \\ & & & \underset{6\times6}{\boldsymbol{K}_{17}} & & & \\ & & & & \underset{4\times4}{\boldsymbol{K}_{20}} & & \\ & & & & & \underset{4\times4}{\boldsymbol{K}_{21}} & \\ & & & & & & \underset{6\times6}{\boldsymbol{K}_{22}} \end{bmatrix}_{44\times44} \tag{2-202}
$$

起重装备总体的阻尼增广算子为

$$
\boldsymbol{C}=\begin{bmatrix} \underset{12\times12}{\boldsymbol{C}_{5-8}} & & & & & & \\ & \underset{6\times6}{\boldsymbol{C}_{13}} & & & & & \\ & & \underset{6\times6}{\boldsymbol{C}_{15}} & & & & \\ & & & \underset{6\times6}{\boldsymbol{C}_{17}} & & & \\ & & & & \underset{6\times6}{\boldsymbol{C}_{20}} & & \\ & & & & & \underset{4\times4}{\boldsymbol{C}_{21}} & \\ & & & & & & \underset{4\times4}{\boldsymbol{C}_{22}} \end{bmatrix}_{44\times44} \tag{2-203}
$$

起重装备总体的外力矢量为

$$
\boldsymbol{f}=[\underset{12\times1}{f_{5-8}}\ \underset{6\times1}{f_{13}}\ \underset{6\times1}{f_{15}}\ \underset{6\times1}{f_{17}}\ \underset{6\times1}{f_{20}}\ \underset{4\times1}{f_{21}}\ \underset{4\times1}{f_{22}}]^{\mathrm{T}}_{44\times1} \tag{2-204}
$$

起重装备的增广特征矢量为

$$
\boldsymbol{V}^{k}=[\underset{12\times1}{\boldsymbol{V}^{k}_{5-8}}\ \underset{6\times1}{\boldsymbol{V}^{k}_{13}}\ \underset{6\times1}{\boldsymbol{V}^{k}_{15}}\ \underset{6\times1}{\boldsymbol{V}^{k}_{17}}\ \underset{6\times1}{\boldsymbol{V}^{k}_{20}}\ \underset{4\times1}{\boldsymbol{V}^{k}_{21}}\ \underset{4\times1}{\boldsymbol{V}^{k}_{22}}]^{\mathrm{T}} \tag{2-205}
$$

当考虑重物的参数矩阵时，质量增广算子为

$$
\boldsymbol{M}'=\begin{bmatrix} \boldsymbol{M} & \\ & \underset{3\times3}{\boldsymbol{M}_{24}} \end{bmatrix}_{47\times47} \tag{2-206}
$$

刚度增广算子为

$$\boldsymbol{K}' = \begin{bmatrix} \boldsymbol{K} & \\ & \underset{3\times 3}{\boldsymbol{K}_{24}} \end{bmatrix}_{47\times 47} \tag{2-207}$$

阻尼增广算子为

$$\boldsymbol{C}' = \begin{bmatrix} \boldsymbol{C} & \\ & \underset{3\times 3}{\boldsymbol{C}_{24}} \end{bmatrix}_{47\times 47} \tag{2-208}$$

外力矢量为

$$\boldsymbol{f} = [\underset{12\times 1}{f_{5-8}}\ \underset{6\times 1}{f_{13}}\ \underset{6\times 1}{f_{15}}\ \underset{6\times 1}{f_{17}}\ \underset{6\times 1}{f_{20}}\ \underset{4\times 1}{f_{21}}\ \underset{4\times 1}{f_{22}}\ \underset{6\times 1}{f_{24}}]^{\mathrm{T}}_{50\times 1} \tag{2-209}$$

增广特征矢量为

$$\boldsymbol{V}^k = [\underset{12\times 1}{\boldsymbol{V}^k_{5-8}}\ \underset{6\times 1}{\boldsymbol{V}^k_{13}}\ \underset{6\times 1}{\boldsymbol{V}^k_{15}}\ \underset{6\times 1}{\boldsymbol{V}^k_{17}}\ \underset{6\times 1}{\boldsymbol{V}^k_{20}}\ \underset{4\times 1}{\boldsymbol{V}^k_{21}}\ \underset{4\times 1}{\boldsymbol{V}^k_{22}}\ \underset{6\times 1}{\boldsymbol{V}^k_{24}}]^{\mathrm{T}} \tag{2-210}$$

2.5.3 考虑吊重时的动力学方程

在考虑到起吊重物时的动力学模型只需加入空间弹簧扭簧 25 和简化为刚体的重物 24 即可。

因此也多了两个特征矢量 $\boldsymbol{Z}_{23,24}$，$\boldsymbol{Z}_{24,25}$，其定义与 $\boldsymbol{Z}_{13,14}$ 类似。与之对应的也多了两个传递矩阵。

(1) 钢丝绳传递矩阵。

$$\underset{6\times 1}{\boldsymbol{Z}_{23,24}} = \underset{6\times 12}{\boldsymbol{U}_{23}}\ \underset{12\times 1}{\boldsymbol{Z}_{22,23}} \tag{2-211}$$

由于钢丝绳的自然特性，钢丝绳不能传递扭矩，所以式(2-221)中，空间弹簧扭簧的传递矩阵$\underset{6\times 12}{\boldsymbol{U}_{23}}$ 为

$$\underset{6\times 12}{\boldsymbol{U}_{23}} = \begin{bmatrix} \boldsymbol{I}_3 & \boldsymbol{O}_{3\times 3} & \boldsymbol{O}_{3\times 3} & \boldsymbol{U}_{14} \\ \boldsymbol{O}_{3\times 3} & \boldsymbol{O}_{3\times 3} & \boldsymbol{O}_{3\times 3} & \boldsymbol{I}_3 \end{bmatrix} \tag{2-212}$$

$$\boldsymbol{U}_{14} = \begin{bmatrix} -\dfrac{1}{K_{x14}} & 0 & 0 \\ 0 & -\dfrac{1}{K_{y14}} & 0 \\ 0 & 0 & -\dfrac{1}{K_{z14}} \end{bmatrix}$$

(2) 起重物的传递矩阵。

起重物可以等效为质点，由质点的传递方程可得回转部分的传递方程：

$$\underset{6\times1}{\boldsymbol{Z}_{24,25}} = \underset{6\times6}{\boldsymbol{U}_{24}}\ \underset{6\times1}{\boldsymbol{Z}_{23,24}} \tag{2-213}$$

式中:重物的传递矩阵$\underset{6\times6}{\boldsymbol{U}_{24}}$ 为

$$\underset{6\times6}{\boldsymbol{U}_{24}} = \begin{bmatrix} 1 & 0 & 0 & 0 & 0 & 0 \\ 0 & 1 & 0 & 0 & 0 & 0 \\ 0 & 0 & 1 & 0 & 0 & 0 \\ m_{i+4}\omega^2 & 0 & 0 & 1 & 0 & 0 \\ 0 & m_{i+4}\omega^2 & 0 & 0 & 1 & 0 \\ 0 & 0 & m_{i+4}\omega^2 & 0 & 0 & 1 \end{bmatrix} \tag{2-214}$$

(3) 起重物起重臂夹角 θ_{23} 对应的坐标变换矩阵。

状态矢量 $\boldsymbol{Z}_{22,23}$ 定义在以输入端 $i_{23}(22,23)$ 为坐标原点,以起重臂向上所指方向在水平面上的投影为 X 轴正方向的坐标系 $i_{23}XYZ$ 上。引入状态矢量 $\boldsymbol{Z}_{22,23'}$,它定义在以输入端 $i_{23}(22,23)$ 为坐标原点,以指向起重臂向上所指方向为 X' 轴正向的坐标系 $i_{23}X'Y'Z'$ 上。坐标系 $i_{23}XYZ$ 与坐标系 $i_{23}X'Y'Z'$ 之间仅相差方向角 θ_{23},$\boldsymbol{Z}_{22,23}$ 与 $\boldsymbol{Z}_{22,23'}$ 之间的变换关系为

$$\underset{12\times1}{\boldsymbol{Z}_{22,23}} = \underset{12\times12}{\boldsymbol{H}_{\theta_{23}}}\ \underset{12\times1}{\boldsymbol{Z}_{22,23'}} \tag{2-215}$$

式中:坐标变换矩阵为

$$\underset{12\times12}{\boldsymbol{H}_{\theta_{23}}} = \begin{bmatrix} \boldsymbol{H}_{11} & & & \boldsymbol{O} \\ & \boldsymbol{H}_{22} & & \\ & & \boldsymbol{H}_{33} & \\ \boldsymbol{O} & & & \boldsymbol{H}_{44} \end{bmatrix} \tag{2-216}$$

$$\boldsymbol{H}_{ii} = \begin{bmatrix} \cos\theta_{23} & \sin\theta_{23} & 0 \\ -\sin\theta_{23} & \cos\theta_{23} & 0 \\ 0 & 0 & 1 \end{bmatrix} \quad (i = 1,2,3,4)$$

(4) 考虑重物时的总传递方程。

在考虑重物时,只有从转台到起重臂前自由端的传递方程由于自由端发生变化而发生了变化。

得到点(15,16－19) 到点(24,25) 的传递方程:

$$\boldsymbol{Z}_{24,25} - \boldsymbol{U}_{24\text{-}16,19}\boldsymbol{Z}_{15,16\text{-}19} = \boldsymbol{O} \tag{2-217}$$

式中:

$$\boldsymbol{U}_{24\text{-}16,19} = U_{24}U_{23}H_{\theta_{23}}U_{22}U_{21}(U_{20}H_{\theta_{20}}U_{19}U_{15}^{(2)} + U_{18}H_{\theta_{21,17}}U_{17}H_{\theta_{17}}U_{16}U_{15}^{(1)}) \tag{2-218}$$

则系统的总传递方程为

$$\underset{42\times 60}{\boldsymbol{U}_{\text{all}'}}\ \underset{60\times 1}{\boldsymbol{Z}_{b'}} = \boldsymbol{O} \tag{2-219}$$

式中：

$$\boldsymbol{Z}_{b'} = [\underset{24\times 1}{\boldsymbol{Z}_{0,1-4}^{\mathrm{T}}}\ \underset{12\times 1}{\boldsymbol{Z}_{22,23}^{\mathrm{T}}}\ \underset{6\times 1}{\boldsymbol{Z}_{24,25}^{\mathrm{T}}}\ \underset{18\times 1}{\boldsymbol{Z}_{15,16-19}^{\mathrm{T}}}]_{60\times 1}^{\mathrm{T}} \tag{2-220}$$

由系统边界点的状态矢量组成，起重装备系统总体传递矩阵为

$$\boldsymbol{U}_{\text{all}'} = \begin{bmatrix} \underset{12\times 24}{\boldsymbol{U}_{14-1-4}} & \boldsymbol{O}_{12\times 12} & \boldsymbol{O}_{12\times 6} & -\underset{12\times 18}{\boldsymbol{U}_{15}} \\ \underset{6\times 24}{\boldsymbol{U}_{9-12-1-4}} & \boldsymbol{O}_{6\times 12} & \boldsymbol{O}_{6\times 6} & \boldsymbol{O}_{6\times 18} \\ \boldsymbol{O}_{12\times 24} & \boldsymbol{I}_{12} & \boldsymbol{O}_{12\times 6} & -\underset{12\times 18}{\boldsymbol{U}_{22-16,19}} \\ \boldsymbol{O}_{6\times 24} & \boldsymbol{O}_{6\times 12} & \boldsymbol{I}_{6} & -\underset{6\times 18}{\boldsymbol{U}_{24-16,19}} \\ \boldsymbol{O}_{6\times 24} & \boldsymbol{O}_{6\times 12} & \boldsymbol{O}_{6\times 6} & \underset{6\times 18}{\boldsymbol{U}_{18-16,19}} \end{bmatrix}_{42\times 60} \tag{2-221}$$

当考虑重物时的特征方程与不考虑重物时相似。

由式(2－220)可知，$\boldsymbol{Z}_{b'}$ 由系统边界，即地面点(0,1－4)、起重臂端点(22,23)、重物自由端点和转台两输出端点(15,16－19)的状态矢量组成。边界点状态矢量的一般元素由边界条件确定。$\boldsymbol{Z}_{0,1-4}$ 中包含4个活动腿与地面的4个接触点在3个方向上的位移和力，共24个元素，其中12个位移元素恒等于零，去掉 $\boldsymbol{Z}_{0,1-4}$ 中零元素的状态矢量，有

$$\bar{\boldsymbol{Z}}_{0,1-4} = [\boldsymbol{Q}_{x0,1}\ \boldsymbol{Q}_{y0,1}\ \boldsymbol{Q}_{z0,1}\ \cdots\ \boldsymbol{Q}_{x0,4}\ \boldsymbol{Q}_{y0,4}\ \boldsymbol{Q}_{z0,4}]^{\mathrm{T}} \tag{2-222}$$

点(22,23)的状态矢量 $Z_{22,23}$ 包含对应点的3个方向的线位移、角位移、力和力矩，由于钢丝绳不传递扭矩，所以表示力矩的3个元素恒等于零，记去掉其零元素的状态矢量为

$$\bar{\boldsymbol{Z}}_{22,23} = [Q_x\ Q_y\ Q_z\ X\ Y\ Z\ \Theta_x\ \Theta_y\ \Theta_z]_{22,23}^{\mathrm{T}} \tag{2-223}$$

点(24,25)的状态矢量 $\boldsymbol{Z}_{24,25}$ 包含对应点的3个方向的线位移和力，在这6个元素中表示力的3个元素恒等于零，记去掉其零元素的状态矢量为

$$\bar{\boldsymbol{Z}}_{24,25} = [X\ Y\ Z]_{24,25}^{\mathrm{T}} \tag{2-224}$$

记去掉 $\boldsymbol{Z}_b$ 中恒为零的30个元素的状态矢量为

$$\bar{\boldsymbol{Z}}_{b'} = [\bar{\boldsymbol{Z}}_{0,1-4}\ \bar{\boldsymbol{Z}}_{22,23}\ \bar{\boldsymbol{Z}}_{24,25}\ \boldsymbol{Z}_{15,16-18}]^{\mathrm{T}} \tag{2-225}$$

记去掉 $\boldsymbol{U}_{\text{all}'}$ 中第1、2、3、7、8、9、13、14、15、19、20、21、31、32、33、40、41、42列得到 42×42 方阵 $\bar{\boldsymbol{U}}_{\text{all}'}$。

因此，式(2－219)变为

$$\bar{\boldsymbol{U}}_{\text{all}}\ \bar{\boldsymbol{Z}}_b = \boldsymbol{O} \tag{2-226}$$

或者写为

$$\bar{\boldsymbol{U}}_{\text{all}}\left[\bar{\boldsymbol{Z}}_{0,1\text{-}4}^{\mathrm{T}}\ \bar{\boldsymbol{Z}}_{22,23}^{\mathrm{T}}\ \bar{\boldsymbol{Z}}_{24,25}^{\mathrm{T}}\ \bar{\boldsymbol{Z}}_{15,16\text{-}19}^{\mathrm{T}}\right]^{\mathrm{T}}=\boldsymbol{O} \tag{2-227}$$

2.6　本章小结

本章介绍了多体动力学理论、多体动力学建模基本知识。基于多体系统传递矩阵法将起重装备处理为按一定方式铰接而成的刚柔耦合多体系统，给出了起重装备各个元件间的传递函数关系，建立了包含柔性臂的多刚柔体系统动力学模型，推导出起重装备体元件动力学方程和起重装备总体动力学方程，为下一章起重装备固有频率、主振型的分析，冲击响应和动应力的研究打下了基础。

第3章　武器起重装备的动态分析

3.1　概　　述

起重臂是起重装备主要的承载部件，其振动性能直接影响吊装质量和施工安全，在起重装备起吊工作过程中，激励频率应远离固有频率，以免发生共振。同时，起重装备工作时需要反复起动和制动，特别是该武器系统对快速转载时间有严格要求，要求操作人员操作速度快，这样很容易造成急停、猛拉现象，起重臂在强烈的冲击作用下引起不稳定变幅应力，因而对其进行冲击响应分析具有十分重要的意义。

起重装备的动态特性分析是对其进行动态优化设计和运动控制的基础。本章首先根据起重装备特征方程，分析起重装备的振动模态。其次，基于起重装备刚柔体系统动力学模型，并将冲量模型和碰撞接触模型与多体系统传递矩阵法结合，建立基于传递矩阵法的刚柔耦合多体系统的冲击响应分析方法，分析起升过程中的冲击载荷特点，研究起重装备的冲击响应和动应力情况，实现起重装备精确的动力学分析。

3.2　起重装备模态分析

3.2.1　起重装备的特征方程

$\boldsymbol{Z}_b$ 由第2章系统边界，即地面点(0,1－4)、起重臂自由端点(22,23)和转台两输出端点(15,16－19)的状态矢量组成。边界点状态矢量的一般元素由边界条件确定。$\boldsymbol{Z}_{0,1\text{-}4}$ 中包含4个活动腿与地面的4个接触点在3个方向上的位移和力共 24 个元素，其中 12 个位移元素恒等于零，去掉 $\boldsymbol{Z}_{0,1\text{-}4}$ 中零元素的状态矢量，有

$$\bar{\boldsymbol{Z}}_{0,1\text{-}4} = [\boldsymbol{Q}_{x0,1}\ \boldsymbol{Q}_{y0,1}\ \boldsymbol{Q}_{z0,1}\ \cdots\ \boldsymbol{Q}_{x0,4}\ \boldsymbol{Q}_{y0,4}\ \boldsymbol{Q}_{z0,4}]^{\mathrm{T}} \tag{3-1}$$

点(22,23) 的状态矢量 $\boldsymbol{Z}_{22,23}$ 包含对应点的三个方向的线位移、角位移、力和力矩，12 个元素中表示力和力矩的 6 个元素恒等于零，记去掉其零元素的状态矢量为

$$\bar{\boldsymbol{Z}}_{22,23} = [X\ Y\ Z\ \Theta_x\ \Theta_y\ \Theta_z]^{\mathrm{T}}_{22,23} \tag{3-2}$$

记去掉 $\boldsymbol{Z}_b$ 中恒为零的 18 个元素的状态矢量为

$$\bar{\boldsymbol{Z}}_b = [\bar{\boldsymbol{Z}}_{0,1\text{-}4}\ \bar{\boldsymbol{Z}}_{22,23}\ \boldsymbol{Z}_{15,16\text{-}19}]^{\mathrm{T}} \tag{3-3}$$

记去掉 $\boldsymbol{U}_{\mathrm{all}}$ 中第 1、2、3、7、8、9、13、14、15、19、20、21、31、32、33、34、35、36 列得到的 36 × 36 方阵 $\bar{\boldsymbol{U}}_{\mathrm{all}}$ 为

$$\bar{\boldsymbol{U}}_{\mathrm{all}} = \boldsymbol{U}_{\mathrm{all}}\bar{\boldsymbol{U}} \tag{3-4}$$

式中：

$$\bar{\boldsymbol{U}} = \begin{bmatrix}
\boldsymbol{O}_{3\times3} & \boldsymbol{O}_{3\times3} & \boldsymbol{O}_{3\times3} & \boldsymbol{O}_{3\times3} & \boldsymbol{O}_{3\times3} & \boldsymbol{O}_{3\times3} & \boldsymbol{O}_{3\times3} & \boldsymbol{O}_{3\times3} & \boldsymbol{O}_{3\times3} & \boldsymbol{O}_{3\times3} & \boldsymbol{O}_{3\times3} & \boldsymbol{O}_{3\times3} \\
\boldsymbol{I}_3 & \boldsymbol{O}_{3\times3} & \boldsymbol{O}_{3\times3} & \boldsymbol{O}_{3\times3} & \boldsymbol{O}_{3\times3} & \boldsymbol{O}_{3\times3} & \boldsymbol{O}_{3\times3} & \boldsymbol{O}_{3\times3} & \boldsymbol{O}_{3\times3} & \boldsymbol{O}_{3\times3} & \boldsymbol{O}_{3\times3} & \boldsymbol{O}_{3\times3} \\
\boldsymbol{O}_{3\times3} & \boldsymbol{O}_{3\times3} & \boldsymbol{O}_{3\times3} & \boldsymbol{O}_{3\times3} & \boldsymbol{O}_{3\times3} & \boldsymbol{O}_{3\times3} & \boldsymbol{O}_{3\times3} & \boldsymbol{O}_{3\times3} & \boldsymbol{O}_{3\times3} & \boldsymbol{O}_{3\times3} & \boldsymbol{O}_{3\times3} & \boldsymbol{O}_{3\times3} \\
\boldsymbol{O}_{3\times3} & \boldsymbol{I}_3 & \boldsymbol{O}_{3\times3} & \boldsymbol{O}_{3\times3} & \boldsymbol{O}_{3\times3} & \boldsymbol{O}_{3\times3} & \boldsymbol{O}_{3\times3} & \boldsymbol{O}_{3\times3} & \boldsymbol{O}_{3\times3} & \boldsymbol{O}_{3\times3} & \boldsymbol{O}_{3\times3} & \boldsymbol{O}_{3\times3} \\
\boldsymbol{O}_{3\times3} & \boldsymbol{O}_{3\times3} & \boldsymbol{O}_{3\times3} & \boldsymbol{O}_{3\times3} & \boldsymbol{O}_{3\times3} & \boldsymbol{O}_{3\times3} & \boldsymbol{O}_{3\times3} & \boldsymbol{O}_{3\times3} & \boldsymbol{O}_{3\times3} & \boldsymbol{O}_{3\times3} & \boldsymbol{O}_{3\times3} & \boldsymbol{O}_{3\times3} \\
\boldsymbol{O}_{3\times3} & \boldsymbol{O}_{3\times3} & \boldsymbol{I}_3 & \boldsymbol{O}_{3\times3} & \boldsymbol{O}_{3\times3} & \boldsymbol{O}_{3\times3} & \boldsymbol{O}_{3\times3} & \boldsymbol{O}_{3\times3} & \boldsymbol{O}_{3\times3} & \boldsymbol{O}_{3\times3} & \boldsymbol{O}_{3\times3} & \boldsymbol{O}_{3\times3} \\
\boldsymbol{O}_{3\times3} & \boldsymbol{O}_{3\times3} & \boldsymbol{O}_{3\times3} & \boldsymbol{O}_{3\times3} & \boldsymbol{O}_{3\times3} & \boldsymbol{O}_{3\times3} & \boldsymbol{O}_{3\times3} & \boldsymbol{O}_{3\times3} & \boldsymbol{O}_{3\times3} & \boldsymbol{O}_{3\times3} & \boldsymbol{O}_{3\times3} & \boldsymbol{O}_{3\times3} \\
\boldsymbol{O}_{3\times3} & \boldsymbol{O}_{3\times3} & \boldsymbol{O}_{3\times3} & \boldsymbol{I}_3 & \boldsymbol{O}_{3\times3} & \boldsymbol{O}_{3\times3} & \boldsymbol{O}_{3\times3} & \boldsymbol{O}_{3\times3} & \boldsymbol{O}_{3\times3} & \boldsymbol{O}_{3\times3} & \boldsymbol{O}_{3\times3} & \boldsymbol{O}_{3\times3} \\
\boldsymbol{O}_{3\times3} & \boldsymbol{O}_{3\times3} & \boldsymbol{O}_{3\times3} & \boldsymbol{O}_{3\times3} & \boldsymbol{I}_3 & \boldsymbol{O}_{3\times3} & \boldsymbol{O}_{3\times3} & \boldsymbol{O}_{3\times3} & \boldsymbol{O}_{3\times3} & \boldsymbol{O}_{3\times3} & \boldsymbol{O}_{3\times3} & \boldsymbol{O}_{3\times3} \\
\boldsymbol{O}_{3\times3} & \boldsymbol{O}_{3\times3} & \boldsymbol{O}_{3\times3} & \boldsymbol{O}_{3\times3} & \boldsymbol{O}_{3\times3} & \boldsymbol{I}_3 & \boldsymbol{O}_{3\times3} & \boldsymbol{O}_{3\times3} & \boldsymbol{O}_{3\times3} & \boldsymbol{O}_{3\times3} & \boldsymbol{O}_{3\times3} & \boldsymbol{O}_{3\times3} \\
\boldsymbol{O}_{3\times3} & \boldsymbol{O}_{3\times3} & \boldsymbol{O}_{3\times3} & \boldsymbol{O}_{3\times3} & \boldsymbol{O}_{3\times3} & \boldsymbol{O}_{3\times3} & \boldsymbol{O}_{3\times3} & \boldsymbol{O}_{3\times3} & \boldsymbol{O}_{3\times3} & \boldsymbol{O}_{3\times3} & \boldsymbol{O}_{3\times3} & \boldsymbol{O}_{3\times3} \\
\boldsymbol{O}_{3\times3} & \boldsymbol{O}_{3\times3} & \boldsymbol{O}_{3\times3} & \boldsymbol{O}_{3\times3} & \boldsymbol{O}_{3\times3} & \boldsymbol{O}_{3\times3} & \boldsymbol{O}_{3\times3} & \boldsymbol{O}_{3\times3} & \boldsymbol{O}_{3\times3} & \boldsymbol{O}_{3\times3} & \boldsymbol{O}_{3\times3} & \boldsymbol{O}_{3\times3} \\
\boldsymbol{O}_{3\times3} & \boldsymbol{O}_{3\times3} & \boldsymbol{O}_{3\times3} & \boldsymbol{O}_{3\times3} & \boldsymbol{O}_{3\times3} & \boldsymbol{O}_{3\times3} & \boldsymbol{I}_3 & \boldsymbol{O}_{3\times3} & \boldsymbol{O}_{3\times3} & \boldsymbol{O}_{3\times3} & \boldsymbol{O}_{3\times3} & \boldsymbol{O}_{3\times3} \\
\boldsymbol{O}_{3\times3} & \boldsymbol{O}_{3\times3} & \boldsymbol{O}_{3\times3} & \boldsymbol{O}_{3\times3} & \boldsymbol{O}_{3\times3} & \boldsymbol{O}_{3\times3} & \boldsymbol{O}_{3\times3} & \boldsymbol{I}_3 & \boldsymbol{O}_{3\times3} & \boldsymbol{O}_{3\times3} & \boldsymbol{O}_{3\times3} & \boldsymbol{O}_{3\times3} \\
\boldsymbol{O}_{3\times3} & \boldsymbol{O}_{3\times3} & \boldsymbol{O}_{3\times3} & \boldsymbol{O}_{3\times3} & \boldsymbol{O}_{3\times3} & \boldsymbol{O}_{3\times3} & \boldsymbol{O}_{3\times3} & \boldsymbol{O}_{3\times3} & \boldsymbol{I}_3 & \boldsymbol{O}_{3\times3} & \boldsymbol{O}_{3\times3} & \boldsymbol{O}_{3\times3} \\
\boldsymbol{O}_{3\times3} & \boldsymbol{O}_{3\times3} & \boldsymbol{O}_{3\times3} & \boldsymbol{O}_{3\times3} & \boldsymbol{O}_{3\times3} & \boldsymbol{O}_{3\times3} & \boldsymbol{O}_{3\times3} & \boldsymbol{O}_{3\times3} & \boldsymbol{O}_{3\times3} & \boldsymbol{I}_3 & \boldsymbol{O}_{3\times3} & \boldsymbol{O}_{3\times3} \\
\boldsymbol{O}_{3\times3} & \boldsymbol{O}_{3\times3} & \boldsymbol{O}_{3\times3} & \boldsymbol{O}_{3\times3} & \boldsymbol{O}_{3\times3} & \boldsymbol{O}_{3\times3} & \boldsymbol{O}_{3\times3} & \boldsymbol{O}_{3\times3} & \boldsymbol{O}_{3\times3} & \boldsymbol{O}_{3\times3} & \boldsymbol{I}_3 & \boldsymbol{O}_{3\times3} \\
\boldsymbol{O}_{3\times3} & \boldsymbol{O}_{3\times3} & \boldsymbol{O}_{3\times3} & \boldsymbol{O}_{3\times3} & \boldsymbol{O}_{3\times3} & \boldsymbol{O}_{3\times3} & \boldsymbol{O}_{3\times3} & \boldsymbol{O}_{3\times3} & \boldsymbol{O}_{3\times3} & \boldsymbol{O}_{3\times3} & \boldsymbol{O}_{3\times3} & \boldsymbol{I}_3
\end{bmatrix}_{54\times36} \tag{3-5}$$

因此,式(3-4)变为

$$\bar{\boldsymbol{U}}_{\text{all}}\bar{\boldsymbol{Z}}_b=\boldsymbol{O} \tag{3-6}$$

或者写为

$$\bar{\boldsymbol{U}}_{\text{all}}[\bar{\boldsymbol{Z}}_{0,1\text{-}4}^{\mathrm{T}}\ \bar{\boldsymbol{Z}}_{22,23}^{\mathrm{T}}\ \bar{\boldsymbol{Z}}_{15,16\text{-}19}^{\mathrm{T}}]^{\mathrm{T}}=\boldsymbol{O} \tag{3-7}$$

由上述推导过程可见,$\bar{\boldsymbol{U}}_{\text{all}}$ 和 $\boldsymbol{U}_{\text{all}}$ 都只与系统的结构参数和固有振动频率 $\omega_k(k=1,2,3,\cdots)$ 有关。但系统的总体布局结构参数确定后,系统的固有振动频率 $\omega_k(k=1,2,3,\cdots)$ 对应的矩阵$\bar{\boldsymbol{U}}_{\text{all}}$ 的行列式值为零[此时方程式(3-7)必有非零阶],即

$$\det\bar{\boldsymbol{U}}_{\text{all}}=0 \tag{3-8}$$

式(3-8)即为起重装备的特征方程。求解起重装备的特征方程式(3-8),即可得起重装备系统的固有振动频率 $\omega_k(k=1,2,3,\cdots)$。求得起重装备系统的固有振动频率 $\omega_k(k=1,2,3,\cdots)$ 后,在给定的归一化条件下(如令$\bar{\boldsymbol{Z}}_b$ 的 30 个元素中绝对值最大的元素等于 1),求解方程式(3-8)可得起重装备系统的固有振动频率 ω_k 的$\bar{\boldsymbol{Z}}_b$ 和$\boldsymbol{Z}_b$,即对应于固有频率 ω_k 的状态矢量$\boldsymbol{Z}_{0,1\text{-}4}$,$\boldsymbol{Z}_{22,23}$ 和 $\boldsymbol{Z}_{15,16\text{-}19}$,进而通过传递方程得到对应于 ω_k 的全部联接点和梁上任一点的状态矢量,$\boldsymbol{Z}_{1\text{-}4,5\text{-}8}$,$\boldsymbol{Z}_{5\text{-}8,9\text{-}12}$,$\boldsymbol{Z}_{9\text{-}12,13}$,$\boldsymbol{Z}_{13,14}$,$\boldsymbol{Z}_{14,15}$,$\boldsymbol{Z}_{16,17}$,$\boldsymbol{Z}_{17,18}$,$\boldsymbol{Z}_{19,20}$,$\boldsymbol{Z}_{20,18}$,$\boldsymbol{Z}_{18,21}$,$\boldsymbol{Z}_{21,22}$ 等。

3.2.2 特征矢量的正交性

(1) 特征矢量正交性的基本理论。

1) 内积空间。

在 n 维线性空间 R^n 中,矢量

$$\boldsymbol{\alpha}_1=[a_1\ a_2\ \cdots\ a_n]^{\mathrm{T}},\quad \boldsymbol{\alpha}_2=[b_1\ b_2\ \cdots\ b_n]^{\mathrm{T}}$$

的内积定义为

$$\langle\boldsymbol{\alpha}_1,\boldsymbol{\alpha}_2\rangle=a_1b_1+a_2b_2+\cdots+a_nb_n \tag{3-9}$$

此时 R^n 构成一个内积空间,它是有限维的欧几里得空间,简称"n 维欧氏空间"。

在闭区间 $[a,b]$上的所有连续函数构成的空间 $C(a,b)$中,对于函数 $f(x)$和 $g(x)$定义内积:

$$\langle f(x),g(x)\rangle=\int_b^a f(x)g(x)\mathrm{d}x \tag{3-10}$$

则 $C(a,b)$构成一个(无穷维) 内积空间。考虑空间:

$$\bar{H}=R^n\oplus C(a,b) \tag{3-11}$$

则 $\bar{H}$ 中的元素为

$$\bar{\boldsymbol{A}} = [a_1\ a_2\ \cdots\ a_n\ f(x)]^{\mathrm{T}}, \quad \bar{\boldsymbol{B}} = [b_1\ b_2\ \cdots\ b_n\ g(x)]^{\mathrm{T}}$$

定义

$$\langle \bar{\boldsymbol{A}}, \bar{\boldsymbol{B}} \rangle = a_1 b_1 + a_2 b_2 + \cdots + a_n b_n + \int_b^a f(x) g(x) \mathrm{d}x =$$

$$\sum_{i=1}^{n} a_i b_i + \int_b^a f(x) g(x) \mathrm{d}x \tag{3-12}$$

为 $\bar{H}$ 中元素 $\bar{\boldsymbol{A}}$ 与 $\bar{\boldsymbol{B}}$ 的内积。

2) 共轭算子(映射)与对称算子(映射)。

设 V 与 V' 是数域 P 上的两个线性空间,σ 是 V 到 V' 的映射,如果 σ 满足:

$$\sigma(\boldsymbol{\alpha} + \boldsymbol{\beta}) = \sigma(\boldsymbol{\alpha}) + \sigma(\boldsymbol{\beta}), \quad \forall\, \boldsymbol{\alpha}, \boldsymbol{\beta} \in V,$$

$$\sigma(k\boldsymbol{\alpha}) = k\sigma(\boldsymbol{\alpha}), \quad \forall\, \boldsymbol{\alpha} \in V, \forall\, k \in P$$

则称 σ 是线性映射(或线性算子)。特别地,V 到自身的线性映射称为线性变换,V 到基域 P 的线性映射称为线性函数。

设 L、H 是内积空间 V 的线性算子,若对 V 中任意元素 $\boldsymbol{\alpha}$、$\boldsymbol{\beta}$ 有

$$\langle L(\boldsymbol{\alpha}), \boldsymbol{\beta} \rangle = \langle \boldsymbol{\alpha}, H(\boldsymbol{\beta}) \rangle \tag{3-13}$$

则称 L 和 H 互为共轭算子,更进一步,若存在:

$$\langle L(\boldsymbol{\alpha}), \boldsymbol{\beta} \rangle = \langle \boldsymbol{\alpha}, L(\boldsymbol{\beta}) \rangle \tag{3-14}$$

则称 L 为对称算子。

(2) 增广特征矢量正交性。

增广特征矢量 $\boldsymbol{V}^k (k = 1, 2, \cdots)$ 的正交性是指下式成立:

$$\langle \boldsymbol{M}\boldsymbol{V}^k, \boldsymbol{V}^p \rangle = \delta_{k,p} M_p, \quad \langle \boldsymbol{K}\boldsymbol{V}^k, \boldsymbol{V}^p \rangle = \delta_{k,p} K_p \tag{3-15}$$

式中:M_p 为系统的第 p 阶模态质量;$K_p = \omega_p^2 M_p$,为系统的第 p 阶模态刚度;ω_p 为第 p 阶固有频率;$\delta_{k,p}$ 为示性函数。

$$\delta_{k,p} = \begin{cases} 1 & k = p \\ 0 & k \neq p \end{cases}$$

可证,只要增广特征矢量 $\boldsymbol{V}^k$ 关于增广算子 $\boldsymbol{M}$ 和 $\boldsymbol{K}$ 对称,多刚柔体系统增广特征矢量 $\boldsymbol{V}^k$ 就自动满足式(3-15),即满足其正交性。通过推证可知增广特征矢量 $\boldsymbol{V}^k$ 关于增广算子 $\boldsymbol{M}$ 和增广算子 $\boldsymbol{K}$ 对称。

增广算子矢量 $\boldsymbol{V}^k$ 一般不关于增广算子 $\boldsymbol{C}$ 对称,所以在考虑阻尼时,需要进行特殊处理。本书在考虑阻尼时使得振动分析变得非常复杂。为了沿用无阻尼系统中的模态坐标方法,采用工程近似处理方法,令

$$\langle \boldsymbol{C}\boldsymbol{V}^k, \boldsymbol{V}^p \rangle = \delta_{k,p} C_P \tag{3-16}$$

3.2.3 模态分析结果

针对某起重装备，计算了其振动特性。表 3-1 给出了前 24 阶固有频率的计算结果。

表 3-1 固有频率计算结果

模态阶数	$\omega_n/(\mathrm{rad\cdot s^{-1}})$	模态阶数	$\omega_n/(\mathrm{rad\cdot s^{-1}})$
1	3.13	13	469.38
2	26.80	14	483.73
3	35.61	15	530.73
4	36.96	16	545.04
5	74.13	17	551.37
6	128.20	18	692.45
7	144.48	19	693.02
8	180.10	20	714.38
9	195.33	21	921.76
10	238.05	22	922.32
11	268.30	23	1 188.5
12	452.55	24	1 204.6

图 3-1 与图 3-2 是计算所得的各阶主振型，其中图 3-1 是各个离散点的主振型，图 3-2 是起重臂的主振型。

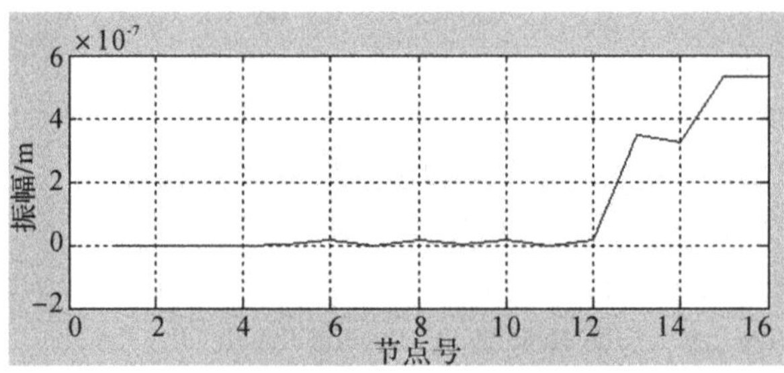

图 3-1 离散点 x 方向第 1 阶振型

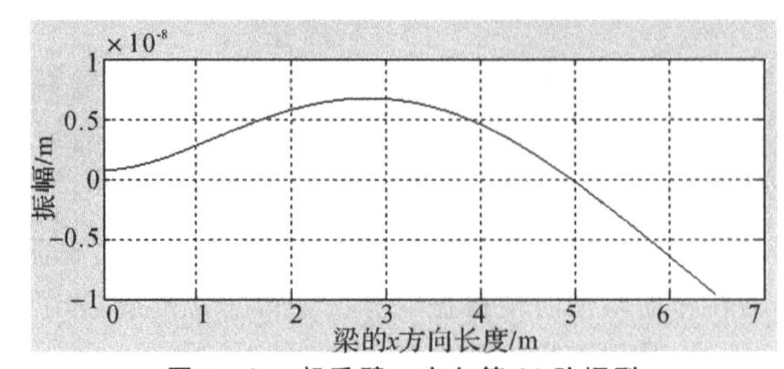

图 3-2 起重臂 y 方向第 26 阶振型

3.3 起重装备的动态响应分析

起重装备的体动力学方程为

$$\boldsymbol{M}\boldsymbol{v}_{tt}+\boldsymbol{C}\boldsymbol{v}_{tt}+\boldsymbol{K}\boldsymbol{v}=\boldsymbol{f} \tag{3-17}$$

式中各参数意义如前。用增广特征矢量 $\boldsymbol{V}^k$ 将动力响应物理坐标展开成

$$\boldsymbol{v}=\sum_{k=1}^{n}\boldsymbol{V}^k\boldsymbol{q}^k(t) \tag{3-18}$$

把式(3-17) 代入式(3-18),得

$$\sum_{k=1}^{n}\boldsymbol{M}\boldsymbol{V}^k\ddot{\boldsymbol{q}}^k(t)+\sum_{k=1}^{n}\boldsymbol{C}\boldsymbol{V}^k\dot{\boldsymbol{q}}^k(t)+\sum_{k=1}^{n}\boldsymbol{K}\boldsymbol{V}^k\boldsymbol{q}^k(t)=\boldsymbol{f} \tag{3-19}$$

用增广特征矢量 $\boldsymbol{V}^p(p=1,2,\cdots,n)$ 对式(3-19) 两边取内积,并利用增广特征矢量的正交性和对于阻尼增广算子的假设:

$$\langle\boldsymbol{M}\boldsymbol{V}^k,\boldsymbol{V}^p\rangle=\delta_{k,p}M_p,\ \langle\boldsymbol{K}\boldsymbol{V}^k,\boldsymbol{V}^p\rangle=\delta_{k,p}K_p,\ \langle\boldsymbol{C}\boldsymbol{V}^k,\boldsymbol{V}^p\rangle=\delta_{k,p}C_p$$

得

$$\left.\begin{aligned}M_p\ddot{q}^p(t)+C_p\dot{q}^p(t)+K_pq^p(t)&=f_p(t)\\ \ddot{q}^p(t)+2\zeta_p\omega_p\dot{q}^p(t)+\omega_p^2q^p(t)&=f_p(t)/M_p\end{aligned}\right\} \tag{3-20}$$

式中:ω_p 为系统第 p 阶固有频率;ζ_p 为第 p 阶振型阻尼比。

$$M_p=\langle\boldsymbol{M}\boldsymbol{V}^p,\boldsymbol{V}^p\rangle=(\boldsymbol{M}\boldsymbol{V}^p)^{\mathrm{T}}\boldsymbol{V}^p$$

$$K_p=\langle\boldsymbol{K}\boldsymbol{V}^p,\boldsymbol{V}^p\rangle=(\boldsymbol{K}\boldsymbol{V}^p)^{\mathrm{T}}\boldsymbol{V}^p$$

$$C_p=\langle\boldsymbol{C}\boldsymbol{V}^p,\boldsymbol{V}^p\rangle=(\boldsymbol{C}\boldsymbol{V}^p)^{\mathrm{T}}\boldsymbol{V}^p$$

$$f_p=\langle\boldsymbol{f},\boldsymbol{V}^p\rangle=\boldsymbol{f}^{\mathrm{T}}\boldsymbol{V}^p$$

$$C_p=2\zeta_p\omega_pM_p$$

$$\omega_p^2=K_p/M_p$$

求解方程式(3-20) 可得

$$q^p(t)=\mathrm{e}^{-\zeta\omega_pt}\left[\frac{q_0^p}{\sqrt{1-\zeta^2}}\cos(\omega_dt-\varphi)+\frac{\dot{q}_0^p}{\omega_d}\sin\omega_dt\right]+\frac{1}{\omega_d}\int_0^t f(\tau)\mathrm{e}^{-\zeta\omega_p(t-\tau)}\sin\omega_d(t-\tau)\mathrm{d}\tau \tag{3-21}$$

式中:

$$\varphi=\arctan\frac{\zeta}{\sqrt{1-\zeta^2}},\quad \omega_d=\sqrt{1-\zeta^2}\,\omega_p$$

$$q_0^p = q^p(t)\big|_{t=0} = \frac{\langle v_0, \boldsymbol{MV}^p \rangle}{M_P}, \quad \dot{q}_0^p = \dot{q}^p(t)\big|_{t=0} = \frac{\langle \dot{v}_0, \boldsymbol{MV}^p \rangle}{M_P}$$

因此系统的动力学响应为

$$\boldsymbol{v} = \sum_{p=1}^{n} \boldsymbol{V}^p \left\{ \mathrm{e}^{-\zeta\omega_p t} \left[\frac{q_0^p}{\sqrt{1-\zeta^2}} \cos(\omega_d t - \varphi) + \frac{\dot{q}_0^p}{\omega_d} \sin\omega_d t \right] + \frac{1}{\omega_d} \int_0^t f(\tau) \mathrm{e}^{-\zeta\omega_p (t-\tau)} \sin\omega_d (t-\tau) \mathrm{d}\tau \right\} \tag{3-22}$$

3.4 起重装备冲击响应分析

3.4.1 冲击响应分析模型

刚柔耦合多体系统受到冲击载荷作用时，可以分为刚体受冲击和柔性体受冲击两种情况来处理。

如图 3-3 所示，多体系统中的刚体 i 受到冲击载荷作用，其中 C_i 为刚体 i 质心，S 为冲击载荷作用点，$\boldsymbol{P}_i = [P_x\ P_y\ P_z]^{\mathrm{T}}$ 为冲击过程中的冲量，$\boldsymbol{G}_i = [G_x\ G_y\ G_z]^{\mathrm{T}}$ 为冲量矩。则动量定理的矩阵形式可以表示为

$$\begin{bmatrix} m_i \boldsymbol{I}_3 & -m_i \boldsymbol{l}_{SC} \\ m_i \boldsymbol{l}_{SC} & \boldsymbol{J}_{Si} \end{bmatrix} \begin{bmatrix} \Delta \dot{\boldsymbol{r}}_i \\ \Delta \dot{\boldsymbol{\theta}}_i \end{bmatrix} = \begin{bmatrix} \boldsymbol{P}_i \\ \boldsymbol{G}_i \end{bmatrix}$$

式中：m_i 为刚体 i 质量；$\boldsymbol{J}_{Si}$ 为刚体 i 对于点 S 的转动惯量矩阵；$\boldsymbol{l}_{SC}$ 为点 S 相对于点 C_i 的叉乘矩阵；$\boldsymbol{I}_3$ 为三阶单位矩阵；$\Delta \dot{\boldsymbol{r}}_i$ 与 $\Delta \dot{\boldsymbol{\theta}}_i$ 分别为刚体 i 在点 S 的线速度和角速度的变化量。若刚体在冲击载荷作用前的线速度与角速度为零，经过冲击载荷作用后，由于作用时间无限小，故可以认为刚体由于受到冲击载荷作用而获得了初始速度。

$$\begin{bmatrix} \dot{\boldsymbol{r}}_i \\ \dot{\boldsymbol{\theta}}_i \end{bmatrix}_0 = \begin{bmatrix} m_i \boldsymbol{I}_3 & -m_i \boldsymbol{l}_{SC} \\ m_i \boldsymbol{l}_{SC} & \boldsymbol{J}_{Si} \end{bmatrix}^{-1} \begin{bmatrix} \boldsymbol{P}_i \\ \boldsymbol{G}_i \end{bmatrix}$$

将该初始速度作为初始条件应用于刚柔耦合多体系统动力学模型中即可求得该系统中刚体受冲击载荷作用时系统的冲击响应。

当起重装备各部分之间存在间隙时，构件间的相互作用力需要使用碰撞接触模型求解。对于冲击碰撞接触过程的处理主要有经典碰撞模型和接触变形模型。其中经典碰撞模型假定碰撞体是刚性的，碰撞时间无限小（碰撞后立即分

离），而碰撞期间的作用力无限大。对于碰撞过程，假定碰撞前、后的系统位形不变，采用动量定理和恢复系数确定碰撞后的状态。而接触变形模型基于弹性力学中 Hertz 接触力理论模型，引入弹簧阻尼器构造力约束，即建立碰撞过程中力与接触变形之间的关系。这种模型比较符合实际，也适合于研究由碰撞引起的刚柔耦合多体系统动态响应。

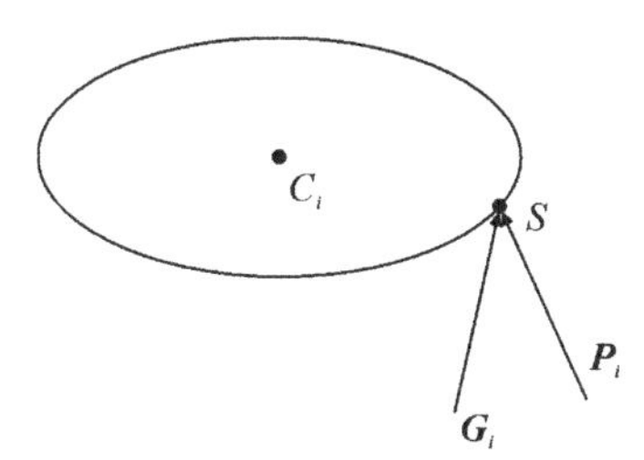

图 3-3　刚体冲击模型

在接触变形模型中，法向接触力为

$$F_n = \begin{cases} 0, & \delta \geqslant 0 \\ k_n\ |\delta|^e + c_n k_n |\delta| \dot{\delta}, & \delta < 0 \end{cases} \tag{3-23}$$

式中：k_n 为 Hertz 刚度系数；c_n 为阻尼因子，与材料恢复系数、接触面形状、接触点的初始相对速度有关；e 为幂指数，$e \geqslant 1$；δ 为接触点位移的法向分量；$\dot{\delta}$ 为接触点法向相对速度。设 $\boldsymbol{n}_n$ 为撞击面的单位法向量，$\boldsymbol{r}_1$ 和 $\boldsymbol{r}_2$ 分别为碰撞点的绝对位移坐标阵，则

$$\delta = \boldsymbol{n}_n{}^{\mathrm{T}}(\boldsymbol{r}_1 - \boldsymbol{r}_2)$$

采用线性切向接触碰撞模型计算切向接触力，两体之间的切向运动分为相对滑动与黏滞运动两种状态。当两体之间切向运动为相对滑动时，摩擦力为滑动摩擦力：

$$F_f = -\mu_d F_n \mathrm{sgn}(\dot{\varepsilon}) \tag{3-24}$$

式中：μ_d 为动摩擦因数；F_n 为法向接触力；ε 为接触点相对位移切向分量。设 $\boldsymbol{n}_\tau$ 为与$(\boldsymbol{r}_1 - \boldsymbol{r}_2)$同平面的切向单位向量，即

$$\boldsymbol{n}_\tau = \left(\boldsymbol{n}_n \times \frac{\boldsymbol{r}_1 - \boldsymbol{r}_2}{|\boldsymbol{r}_1 - \boldsymbol{r}_2|}\right) \times \boldsymbol{n}_n$$

则

$$\varepsilon = \boldsymbol{n}_\tau{}^{\mathrm{T}}(\boldsymbol{r}_1 - \boldsymbol{r}_2)$$

当两体之间的相对切向速度在 t_1 时刻为零，碰撞体之间的运动为黏滞运动时，摩擦力为静摩擦力：

$$F_s = \mu_n F_n \mathrm{sgn}[\dot{\varepsilon}(t_1)] - K_s s(t) \tag{3-25}$$

式中：μ_n 为静摩擦系数；K_s 为切向接触刚度；s 为接触区域的切向弹性变形。

$$s(t) = [\varepsilon(t_1) - \varepsilon(t)]\mathrm{sgn}[\dot{\varepsilon}(\bar{t}_1)] \tag{3-26}$$

由冲击接触力产生的外力列阵为

$$\boldsymbol{f} = f_n \boldsymbol{n}_n + f_\tau \boldsymbol{n}_\tau \tag{3-27}$$

式中：$f_\tau(\tau = f, s)$ 是接触摩擦力。

将由式(3-27)得出的冲击接触力带入刚柔耦合多体系统的外力列阵，即可求得当柔性体受到冲击载荷作用时系统的冲击响应。

3.4.2 冲击响应分析结果

(1) 吊重加速起升过程分析。

吊重起升过程可以分为3个阶段：第一阶段，从载荷挂在吊钩上之后，起升机构刚起动时开始，到钢丝绳消除松弛状态开始受力拉紧为止。第二阶段，以钢丝绳开始受力时为第二阶段的时间始点，随着起升机构继续转动，钢丝绳所受拉力逐渐增加直到等于货物重力为止。这一拉力作为外激励施加于起重臂，使起重装备机结构开始振动。在此阶段载荷仍在地面上处于静止状态。第三阶段，以载荷开始离地上升瞬间为时间始点，系统将以第二阶段结束时的位移和速度为初始条件振动。

重物由静止到额定工作速度，整个过程的主要吊重起升加速度可以表示为

$$a(t) = A\mathrm{e}^{-\beta t}$$

$$v_e = \int_0^\tau a(t)\mathrm{d}t$$

式中：t 为加速持续时间；β 为衰减系数；v_e 为额定起升速度，单位为 m/s；A 为待定常数，单位为 $\mathrm{m/s^2}$，由积分得

$$A = \frac{\beta v_e}{1 - \mathrm{e}^{-\beta\tau}}$$

受力都可以写成 $F = \left[1 + \dfrac{a(t)}{g}\right]Q$ 的形式，其中 g 为重力加速度，Q 为吊重的重力。

(2) 计算工况。

本书在无风载环境下考虑起重臂的最危险工况(全伸臂)，根据《汽车起重机和轮胎起重机试验规范　第3部分：结构试验》(GB/T 6068.3—2005)计算表3-2所示两种工况。

表 3-2　起重装备计算工况

工　况	工况一	工况二
载荷 /t	额定载荷(28)	超载(35)
加速时间 /s	0.3	0.3
额定起升速度 v_e/(m · s^{-1})	0.087	0.087
衰减系数 β	6	6
起重臂位置	正侧方	正侧方

当起重臂提升时冲击载荷主要发生在加速阶段，即起升的第三阶段，所以重点对这个阶段进行仿真计算。

在吊重离地后，其便与系统不再是外力的作用关系，吊重变为了该系统的一部分，之间的相互作用力变为内力。图 3-4 所示为在额定载荷的作用下，弹性臂在起升加速阶段的冲击响应。

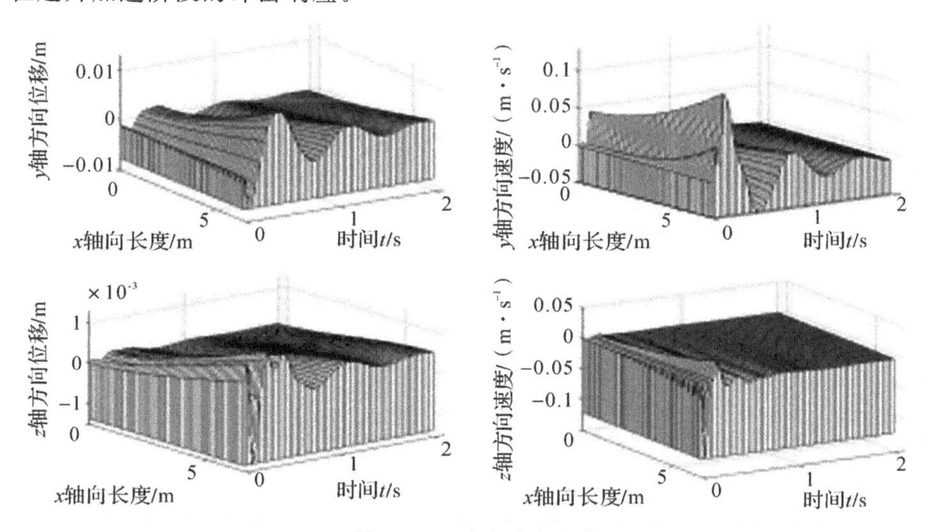

图 3-4　动力冲击响应

图 3-5 所示为在额定载荷下起重臂末端的位移曲线。

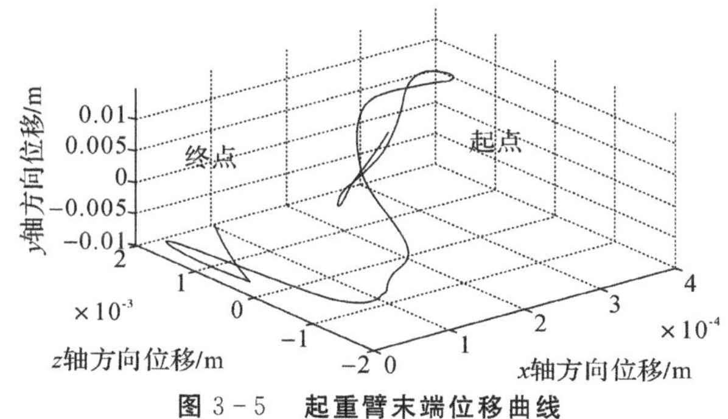

图 3-5　起重臂末端位移曲线

3.5 起重装备动应力计算

起重臂的机构如图3-6所示，建立如下坐标系：坐标系的原点在基臂铰链孔的中心，x 轴沿起重臂轴线指向前端，y 轴在铅垂面内垂直于 x 轴指向上，z 轴由右手定则确定。起重臂截面上的动应力主要是由作用在其上的动载荷和其自身的惯性力产生的。动弯矩和轴向作用力对起重装备的动应力影响最大，所以动应力计算公式为

$$\sigma(x,t)=\frac{M_{Iy}(x,t)+M_{Dy}(x,t)}{W_y}+\frac{M_{Iz}(x,t)+M_{Dz}(x,t)}{W_z}+\frac{F_{Lx}(x,t)+F_{Dx}(x,t)}{A} \tag{3-28}$$

式中：$M_{Iy}(x,t)$、$M_{Iz}(x,t)$ 分别为动弯矩在 y 轴和 z 轴的分量；$M_{Dy}(x,t)$、$M_{Dz}(x,t)$ 分别为惯性力在 y 轴和 z 轴的分量；$F_{Lx}(x,t)$ 为轴向动载荷；$F_{Dx}(x,t)$ 为自身惯性力产生的轴向动载荷；W_y 和 W_z 分别为臂架对 y 轴和 z 轴的弯曲截面系数。由材料力学的公式可得

$$M_{Iy}(x,t)=EI_y\frac{\partial^2 y(x,t)}{\partial x^2} \tag{3-29}$$

$$M_{Iz}(x,t)=EI_z\frac{\partial^2 z(x,t)}{\partial x^2} \tag{3-30}$$

$$M_{Dy}(x,t)=\int_0^x\int_0^x\bar{m}(x)\frac{\partial^2 y(x,t)}{\partial t^2}\mathrm{d}x\mathrm{d}x \tag{3-31}$$

$$M_{Dz}(x,t)=\int_0^x\int_0^x\bar{m}(x)\frac{\partial^2 z(x,t)}{\partial t^2}\mathrm{d}x\mathrm{d}x \tag{3-32}$$

$$F_{Dx}(x,t)=\bar{m}(x)\frac{\partial^2 x(x,t)}{\partial t^2} \tag{3-33}$$

式中：$x(x,t)$、$y(x,t)$、$z(x,t)$ 为起重装备臂架的 3 个动响应；E 为弹性模量；I_y、I_z 为沿 y 轴和 z 轴的惯性矩；$\bar{m}(x)$ 为起重臂的线密度。将式(3-29)～式(3-33)代入式(3-28)，可得

$$\sigma(x,t)=\frac{EI_y\dfrac{\partial^2 y(x,t)}{\partial x^2}+\int_0^x\int_0^x\bar{m}(x)\dfrac{\partial^2 y(x,t)}{\partial t^2}\mathrm{d}x\mathrm{d}x}{W_y}+\frac{EI_z\dfrac{\partial^2 z(x,t)}{\partial x^2}+\int_0^x\int_0^x\bar{m}(x)\dfrac{\partial^2 z(x,t)}{\partial t^2}\mathrm{d}x\mathrm{d}x}{W_z}+\frac{F_{Lx}(x,t)+\bar{m}(x)\dfrac{\partial^2 x(x,t)}{\partial t^2}}{A} \tag{3-34}$$

起重装备臂架的动响应与轴向动载荷可以通过传递矩阵法求出，惯性矩、弯曲截面系数及线密度都是已知量。将这些数据代入式(3-34)即可求出起重臂的动应力。

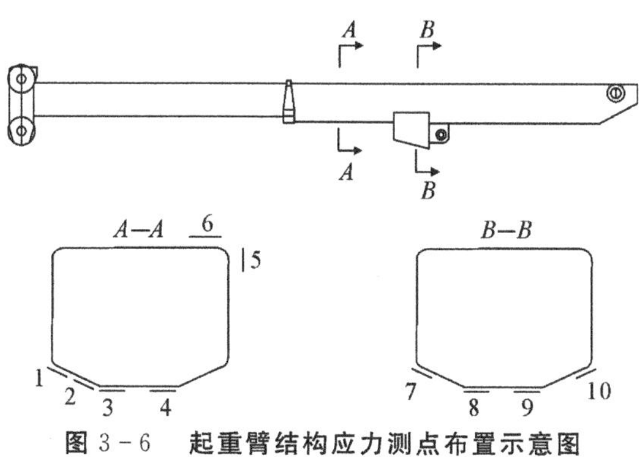

图 3-6　起重臂结构应力测点布置示意图

由传递矩阵法求出的起重臂动力学响应，将起重臂的时间位移响应函数代入式(3-34)可得起重臂的动应力响应。图 3-7 和图 3-8 为柔性起重臂在两种工况下的动应力。

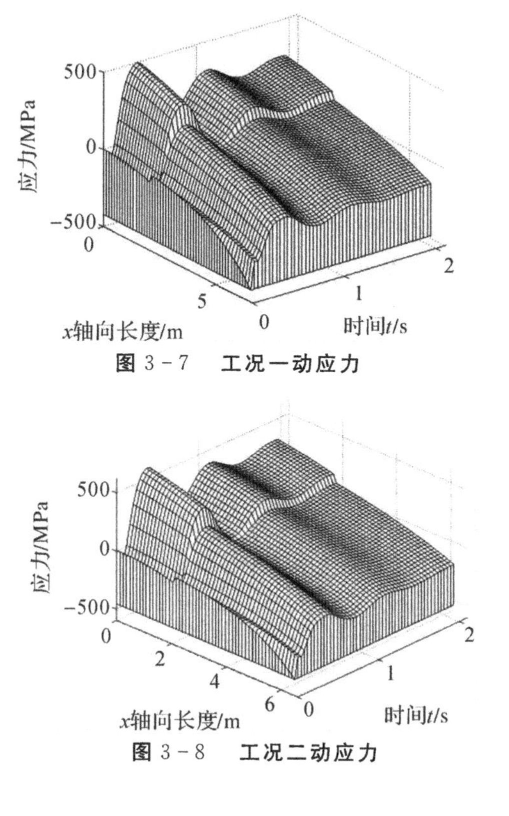

图 3-7　工况一动应力

图 3-8　工况二动应力

由传递矩阵法可求得起重臂上任意点的静挠度、转角、内力矩和内力，图 3-9～图 3-11 分别是求得的位移、转角、内力矩及内力沿起重臂轴向的分布情况。图 3-9 左图对应内力矩，右图和图 3-11 对应内力，图 3-10 左右两图分别对应位移和转角，可将图 3-9 右图与图 3-11 合并。

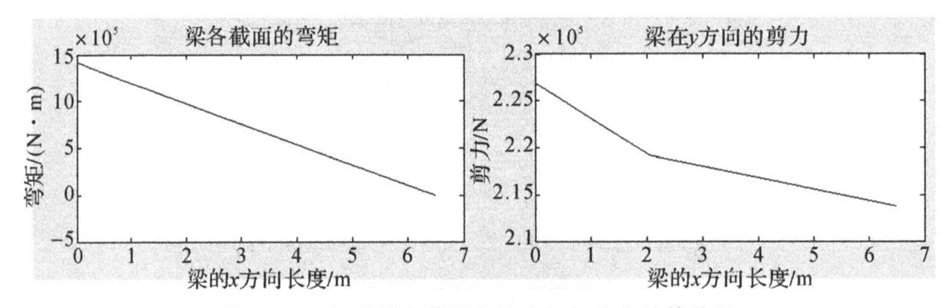

图 3-9　起重臂各截面上的弯矩与剪力计算结果

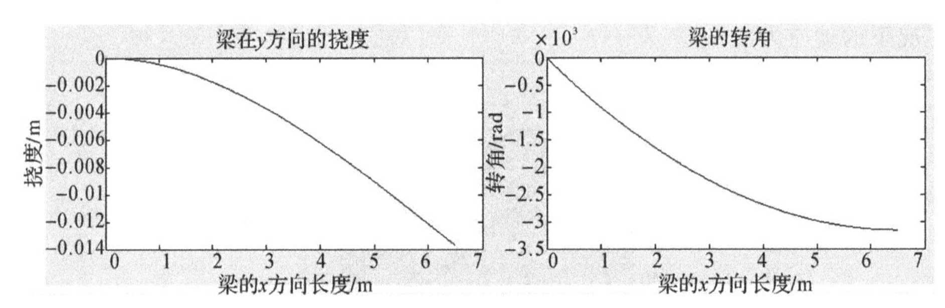

图 3-10　起重臂各截面上的挠度与转角计算结果

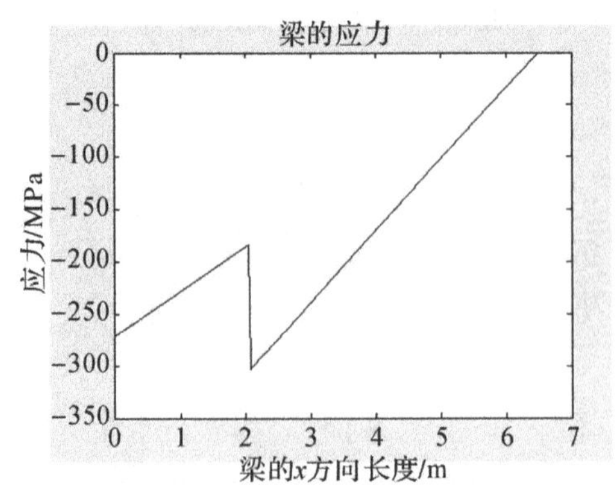

图 3-11　起重臂各截面上的应力计算结果

3.6　本章小结

基于多体系统传递矩阵法解决了起重装备振动固有频率和主振型的计算问题,该方法计算工作量小,计算速度快。

基于刚柔耦合多体系统动力学模型,将冲量模型和碰撞接触模型与多体系统传递矩阵法结合,对冲击响应、动应力进行分析。经计算,由起重臂在起升加速阶段冲击响应得出,位移响应在 0.4 s 以内达到最大值,并且在 2 s 内达到稳态,在位移最大值处起重臂发生明显的变形。起重臂前端面的应力最小,该处的应力主要由轴向动载荷产生。起重臂的最大应力发生在 $A—A$ 截面处,该处的应力主要由弯曲动载荷产生,其最大动应力远远大于稳态静应力,动载系数为1.98,动载冲击对结构的影响不可忽视。

第4章　起重装备的疲劳寿命预估

4.1　概　　述

如前所述，起重装备要求具有良好的力学性能，包括应力水平、刚度、变形、抗干扰性能等，同时还要求具有较长的疲劳寿命。对于设计人员来说，零件、结构件及整机的力学性能如何，会不会因强度不够造成破坏事故，能不能满足设计寿命的要求，这些都是必须关心和回答的问题。

第3章对起重装备的动态特性进行了分析，为起重装备动态优化设计和运动控制奠定了基础，保证了起重装备的动态力学性能。本章先对起重装备关键钢结构件进行有限元强刚度分析，在此基础上，基于疲劳寿命预估理论，得到起重装备钢结构件寿命预估模型和材料寿命曲线，从而对钢结构件进行疲劳寿命预估，进而对起重装备钢结构件的力学性能、强度、疲劳寿命进行了回答。

4.2　疲劳寿命预估理论

磨损、腐蚀和疲劳破坏是工程结构和机械零件的3种主要破坏形式，也是工程机械失效的主要原因。在工程机械中，虽然因磨损和腐蚀造成的损失非常大，但由于磨损和腐蚀的进程很慢，一般可以通过定期更换或修理易损零件的方式来解决，而疲劳破坏往往是突然地发生并极易引发严重事故，因此更为工程界所重视。

4.2.1　疲劳的概念

在材料或结构受到多次重复变化的载荷作用后，应力值虽然没有超过材料的强度极限，甚至在比弹性极限还低的情况下就可能发生破坏，这种在交变载荷重复作用下材料或结构的破坏现象，就叫作疲劳破坏。显然，疲劳就是材料在应力或应变的反复作用下所发生的性能变化。

材料或构件疲劳性能的好坏是用疲劳强度来衡量的，所谓疲劳强度就是指材料或构件在交变载荷作用下的强度。疲劳强度的大小又是用疲劳极限来衡量的。所谓疲劳极限就是指在一定循环特征 R 下，材料或构件可以承受无限次应力循环而不发生疲劳破坏的最大应力 S_{max}，一般用 S_r 表示。因材料的疲劳极限随加载方式和应力比的不同而不同，通常以对称循环下的疲劳极限作为材料的基本疲劳极限。

疲劳寿命是疲劳失效时所经受的应力或应变的循环次数，用 N 表示。试样的疲劳寿命取决于材料的力学性能和所施加的应力水平。一般来说，材料的强度极限愈高，外加的应力水平愈低，试样的疲劳寿命就愈长，反之，疲劳寿命就愈短。表示这种外加应力水平和标准试样疲劳寿命之间关系的曲线称为材料 $S-N$ 曲线。

4.2.2　疲劳的分类

根据材料疲劳破坏前所经历的循环次数（即寿命）的不同，可以分为高周（应力）疲劳和低周（应变）疲劳。高周（应力）疲劳是指材料所受的交变应力远低于材料的屈服极限，甚至只有屈服极限的 1/3 左右，断裂前的循环次数为 $10^5 \sim 10^7$ 次；低周疲劳是指材料所受的交变应力较高，通常接近或超过屈服极限，断裂前的循环次数较少，一般少于 $10^4 \sim 10^5$ 次。高周疲劳和低周疲劳的主要区别在于塑性应变的程度不同。高周疲劳时，应力一般较低，材料处于弹性范围，因此其应力与应变是成正比的。低周疲劳则不然，其应力一般都超过弹性极限，产生了比较大的塑性变形，应力与应变不成正比。

根据应力状态的不同可以分为单轴疲劳和多轴疲劳。单轴疲劳是指单向循环应力作用下的疲劳，这时零件只承受单向正应力或单向切应力，例如只承受单向拉-压循环应力、弯曲循环应力或扭转循环应力。多轴疲劳是指多向应力作用下的疲劳，也称为复合疲劳，例如弯扭复合疲劳、双轴拉伸疲劳、三轴应力疲劳等。

根据不同的外部载荷造成不同的疲劳破坏形式，可以将疲劳分为以下几种类型：

（1）机械疲劳：仅由外加应力或应变波动造成的疲劳失效。

（2）蠕变疲劳：循环载荷和高温联合作用引起的疲劳失效。

（3）热机械疲劳：循环载荷和循环温度同时作用引起的疲劳失效。

（4）腐蚀疲劳：在存在侵蚀性化学介质或致脆介质的环境中施加循环载荷

引起的疲劳失效。

(5) 滑动接触疲劳和滚动接触疲劳：载荷的反复作用与材料间的滑动和滚动接触相结合分别产生的疲劳失效。

(6) 微动疲劳：脉动应力与表面间的来回相对运动和摩擦滑动共同作用产生的疲劳失效。

根据载荷频率的不同，疲劳又可划分为静疲劳、振动疲劳、声疲劳三类。当载荷频率远低于结构固有频率时，可视为静疲劳；当载荷频率与结构固有频率相当时，可视为振动疲劳；当载荷频率远高于结构固有频率时，可视为声疲劳。

起重装备的工作环境特点和使用寿命要求决定了其钢结构件的疲劳大多属于低周、多轴、机械、静疲劳。

4.2.3　影响结构疲劳寿命的主要因素

影响结构静强度的因素同样也影响其疲劳强度或疲劳寿命，但影响的程度有差异。此外，还有很多对静强度几乎没有影响的因素却对疲劳强度或疲劳寿命有着明显的影响。

4.2.3.1　应力集中的影响

应力集中即为缺口或零件截面积的变化使这些部位的应力、应变增大的现象。任何结构或机械的零、构件几乎都存在应力集中。缺口应力集中的严重程度用理论应力集中系数 K_T 表示：

$$K_T = \frac{\text{最大局部弹性应力}\ \sigma_{\max}}{\text{名义应力}\ \sigma_0} \tag{4-1}$$

脆性材料制造的零构件的静强度略大于 $1/K_T$，而弹塑性材料制造的零构件由于塑性流动造成应力重分配，应力集中对零构件的静强度几乎没影响。但对疲劳破坏而言，情况则完全不同，通常循环载荷作用下名义应力小于屈服应力时，局部已进入塑性，零构件的疲劳强度取决于局部的应力-应变状态，因此应力集中部位是结构的疲劳薄弱环节，控制了结构的疲劳寿命。在一定范围内，缺口根部的曲率半径越小，应力集中程度越大，疲劳强度降低的程度也就越大。但是，对于低中碳钢等塑性材料，当缺口根部的曲率半径进一步减小甚至小于零点几毫米时，疲劳强度的降低程度会变得越来越小，甚至不再降低。此时理论应力集中系数就无法真实地反映缺口对疲劳强度的影响。因此常用疲劳缺口系数 K_f 来表征应力集中降低疲劳强度的作用，其定义为

$$K_f = \frac{\text{光滑试件的疲劳强度}\ S_e}{\text{净截面尺寸及加工方法相同的缺口试件的疲劳强度}\ S_N} \tag{4-2}$$

疲劳缺口系数不仅与理论应力集中系数有关，而且与材料的金相组织、内部

缺陷、化学成分、表面状态、载荷特性及使用环境等诸多因素有关。

通常情况下，对于一些复杂结构和载荷-位移边界条件，理论应力集中系数 K_T 可以用有限元的方法求出。而确定疲劳缺口系数 K_f 除了通过试验手段以外，还要基于某种假设，综合各种因素，建立相关的物理基础，由此，派生出三类模型：平均应力模型、断裂力学模型和场强法模型。

4.2.3.2　尺寸的影响

人们在疲劳强度试验中早就注意到了试验件尺寸越大疲劳强度就越低这一现象，亦即尺寸效应。标准试验件的直径通常为 6 ～ 10 mm，它通常比实际零部件的尺寸小，因此尺寸效应在疲劳分析中必须加以考虑。尺寸对疲劳强度的影响主要有以下三方面：

（1）材料的机械性能（包括疲劳性能）随着材料截面的增大而降低。强度级别越高的合金钢这种现象越严重。显然它与材料的冶金、加热工艺和金相组织有关，是由材料的内在性质所决定的，而与试件的结构、载荷情况、冷加工过程无关。

（2）零部件的应力梯度是造成尺寸效应的主要原因。如大、小尺寸的试件受力条件相同，且危险点峰值应力相等，则大尺寸试件由于应力梯度小而疲劳强度低，小尺寸试件由于应力梯度大而疲劳强度高。

（3）从同一毛坯上取下不同断面的试件，大尺寸试件的疲劳强度低于小尺寸试件。这是因为如果材料中单位体积内的缺陷数量相等，则大试件中的缺陷数量必然多于同一毛坯上切下的小试件，因而裂纹萌生的概率就高，从而导致疲劳强度下降。

尺寸效应的大小用疲劳尺寸系数 ε 来表征。其定义为：在相同加载条件及试件几何相似的条件下，大尺寸试件的疲劳强度 S_L 与小尺寸试件（标准尺寸试样）的疲劳极限 S_S 之比，即

$$\varepsilon = \frac{S_L}{S_S} \tag{4-3}$$

尺寸系数是小于 1 的系数，通常可由设计手册查得。

4.2.3.3　表面状态的影响

疲劳裂纹通常萌生于试件表面，这是因为外表面的应力水平往往最高，外表面的缺陷也最多，另外，表面层材料的约束小，滑移带最易开动。因此零部件表面状况对其疲劳强度有着显著的影响，其影响程度用表面敏感系数 β 来描述，即

$$\beta = \frac{\text{某种表面状态试件的疲劳强度}}{\text{标准光滑试件的疲劳强度}} \tag{4-4}$$

通常，材料的疲劳强度或疲劳寿命是由标准光滑试件得到的，在用此数据估算零部件的疲劳强度或疲劳寿命时，需做表面敏感系数 β 的修正。因为绝大多数结构或机械的疲劳关键部位往往就是应力集中部位，所以进行表面敏感系数 β 的修正时要注意表面状态的对应。

表面状态主要包括表面加工粗糙度 β_1、表层组织结构 β_2、表层应力状态 β_3，且

$$\beta = \beta_1 \beta_2 \beta_3 \tag{4-5}$$

(1) 表面加工粗糙度 β_1。一般来说，表面加工粗糙度越低，疲劳强度就越高。从微观机制角度解释，表面粗糙相当于表面有侵入和挤出，因此缩短了疲劳裂纹形成寿命，降低了疲劳强度。从宏观角度解释，表面粗糙造成微观应力集中，从而使疲劳强度降低。而材料的强度 σ_b 越高，β_1 对粗糙度就越敏感，这是因为材料 σ_b 越高，其延性往往就越差，因此对缺陷也就越敏感，但当表面加工痕迹的最大深度小于某一临界值时，材料的疲劳强度不再增加，这一临界值相当于精抛光水平。

(2) 表层组织结构 β_2。由于零部件表面层对零部件的疲劳强度有着重要的影响，人们通过各种表面处理工艺来提高表面层的疲劳强度。常用的方法有表面渗碳、渗氮、氰化、表面淬火、表面激光处理等。这些处理方法的本质是改变表面层的组织结构。通常，经过表面处理后，表层材料的组织结构与原材料的组织结构有所不同，其疲劳强度将得到提高，即 β_2 大于 1，从而达到提高零部件疲劳强度的目的。β_2 的确定完全依赖于试验。而不同的工艺参数对 β_2 的影响很大。

(3) 表层应力状态 β_3。表面冷作变形是提高零部件疲劳强度的有效途径之一。表面冷作变形的方法主要有滚压、喷丸、挤压等。表面冷作变形的本质是改变零部件表层的应力状态，同时也使表层的组织发生一些物理性变化。

4.2.3.4 载荷的影响

绝大多数材料的疲劳强度是由标准试验件在对称循环正弦波加载情况下得到的，而实际零部件所受到的载荷是十分复杂的。载荷对疲劳强度的影响主要包括载荷类型的影响、加载频率的影响、平均应力的影响、载荷波形的影响、载荷中间停歇和持续的影响等。

(1) 载荷类型的影响。零件受到的外载荷有拉压、弯、扭 3 种类型。载荷类型对疲劳强度的影响用载荷类型因子 C_L 来描述。C_L 定义为其他加载方式下的疲劳强度与旋转弯曲疲劳强度的比值。

(2) 加载频率的影响。绝大多数工程结构和机械受到的载荷频率在 5 ～ 200 Hz

范围内。在无腐蚀环境下，加载频率对金属材料的疲劳强度几乎没有影响。

(3) 平均应力的影响。应力-疲劳寿命曲线通常是在平均应力为零的对称循环应力下绘制出的。然而，平均应力对疲劳寿命有明显的影响。在循环应力下的疲劳强度设计中，给定寿命下的疲劳强度常以等寿命图(导致相同疲劳寿命的不同应力幅值与平均应力的组合关系曲线) 来表示，等寿命曲线需要通过大量的不同载荷循环特征下的疲劳试验获得。没有相应材料的等寿命曲线时，可以应用简化的等寿命曲线。常用的简化等寿命曲线(见图 4-1) 有以下几种。

Goodman 直线：

$$\frac{s_a}{S_{-1}}+\frac{s_m}{S_b}=1 \tag{4-6}$$

Gerber 抛物线：

$$\frac{s_a}{S_{-1}}+\left(\frac{s_m}{S_b}\right)^2=1 \tag{4-7}$$

von Mises-Hencky 椭圆：

$$\left(\frac{s_a}{S_{-1}}\right)^2+\left(\frac{s_m}{S_b}\right)^2=1 \tag{4-8}$$

式中：s_a 为应力幅；s_m 为平均应力；S_{-1} 为对称循环应力下的疲劳极限；S_b 为强度极限。

Goodman 直线较简单，且比较安全，von Mises-Hencky 椭圆能更好地拟合实验数据。

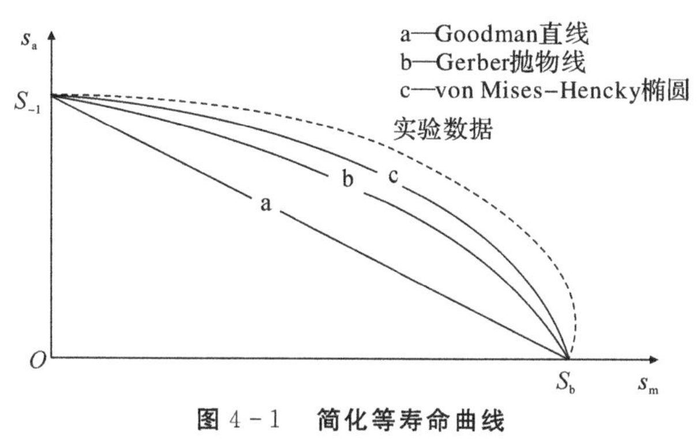

图 4-1　简化等寿命曲线

(4) 载荷波形的影响。在实际工作条件下，循环载荷的波形是多种多样的，与实验室常用的正弦波形相差甚远。实验结果表明，在常温无腐蚀环境下，波形对疲劳强度的影响甚微，在进行疲劳分析时这种影响可以不加考虑。

(5) 载荷中间停歇和持续的影响。有些工程结构和机械在服役期间受到的循环载荷具有中间停歇或载荷在某一水平上持续一段时间的情况。在常温无腐蚀环境下，载荷停歇和持续对大多数材料的疲劳强度影响不大。

4.2.4 确定疲劳寿命的方法

确定结构和机械疲劳寿命的方法主要有两类：试验法和试验分析法。

试验法完全依赖于试验，它直接通过与实际情况相同或相似的试验来获取所需要的疲劳数据，是传统的方法。这种方法虽然可靠，但是人力、物力以及工作周期上的高昂代价影响其可行性，且工程结构、外载荷和服役环境均存在差异，故其试验结果不具有通用性。但对于疲劳寿命有明确要求和复杂的机械与工程结构来说，必须通过试验来确定整个产品的最终寿命。

而试验分析法是根据材料的疲劳性能，对照结构所受到的载荷历程，按分析模型来确定结构的疲劳寿命。任何一个疲劳寿命分析方法都包含三部分的内容（见图 4－2）：材料疲劳性能、循环载荷下结构的响应、疲劳累积损伤法则。

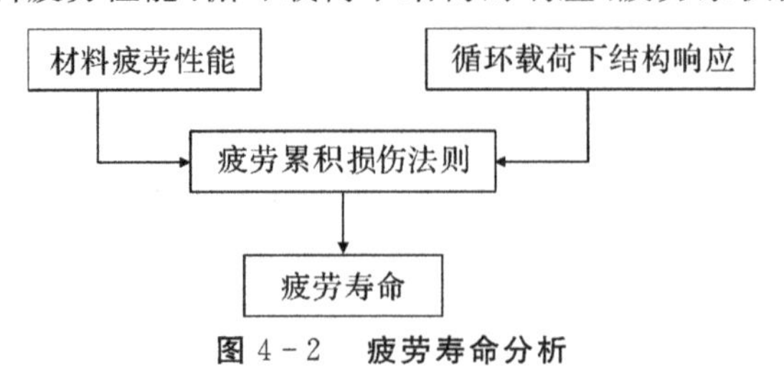

图 4－2　疲劳寿命分析

研究疲劳分析方法所追求的目标之一是降低疲劳分析对于大量试验（特别是有关结构、尺寸、载荷等的统计试验）的依赖性，减少分析处理方法中的经验性成分。为此，已经发展了多种分析方法。按照计算疲劳损伤参量的不同可以将疲劳寿命分析方法分为名义应力法、局部应力-应变法、应力场强法、能量法、损伤力学法、功率谱密度法等。然而在工程实践中比较实用的是前三种方法。

4.2.4.1 名义应力法

名义应力法是最早形成的抗疲劳设计方法，它以材料或零件的 $S-N$ 曲线为基础，对照试件或结构疲劳的疲劳危险部位的应力集中系数和名义应力，结合疲劳损伤累积理论，校核疲劳强度或计算疲劳寿命。名义应力法的假定就是，对于相同材料制成的任意构件，只要应力集中系数相同，载荷谱相同，则它们的寿命相同。名义应力法计算疲劳寿命所需的材料性能数据是：对于有限寿命分析，需要各种应力集中系数下材料的 $S-N$ 曲线或等寿命曲线；对于无限寿命设计，需要各种应力集中系数下材料的疲劳极限图。

用名义应力法估算结构疲劳寿命的步骤如图4-3所示。

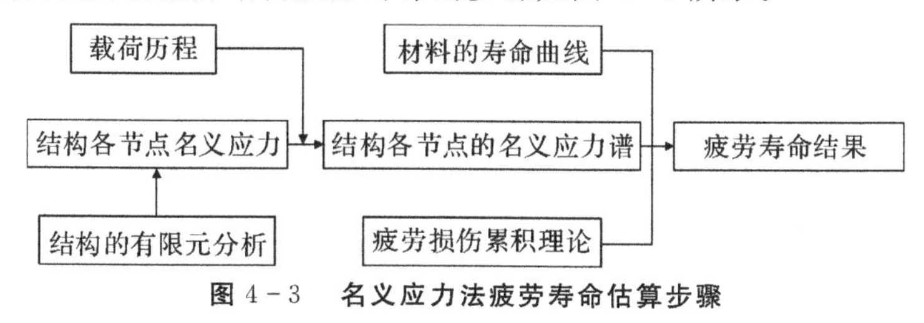

图4-3 名义应力法疲劳寿命估算步骤

综合以上寿命预估的影响，在此次寿命预估中采用以下分析步骤：

(1) 确定结构中的疲劳危险部位。

(2) 求出危险部位的名义应力和应力集中系数。

(3) 根据载荷谱确定危险部位的名义应力谱。

(4) 应用插值法求出当前应力集中系数和应力水平下的 S-N 曲线，查 S-N 曲线。

(5) 应用疲劳损伤累积理论，求出危险部位的疲劳寿命。

名义应力法预测疲劳裂纹形成寿命的结果不稳定，且精度较低，通常在3个因子以上，有时达到10个甚至10个因子以上。但是由于名义应力法的预测精度依赖于使用经验，对某些经常使用的结构形式和材料，它的预测精度比较理想，所以它经常在结构危险部位的筛选中使用。

4.2.4.2 局部应力-应变法

局部应力-应变法结合材料的循环应力-应变曲线，通过弹、塑性有限元分析或其他计算方法，将构件上的名义应力谱转换成危险部位的局部应力-应变谱，然后根据危险部位的局部应力-应变历程估算寿命。局部应力-应变法在疲劳寿命估算中考虑了塑性应变和载荷顺序的影响，因而它估算结构的疲劳裂纹形成寿命通常可以获得较符合实际的结果。局部应力-应变法的基本假设是：若同种材料制成的构件的危险部位的最大应力-应变历程与一个光滑试件的应力-应变历程相同，则它们的疲劳寿命相同。

用局部应力-应变法估算结构疲劳寿命的步骤如图4-4所示。

(1) 确定结构中的疲劳危险部位。

(2) 求出危险部位的名义应力谱。

(3) 采用弹塑性有限元法或其他方法计算局部应力-应变谱。

(4) 查当前应力-应变水平下的 $\varepsilon-N$ 曲线。

(5) 应用疲劳累积损伤理论，求出危险部位的疲劳寿命。

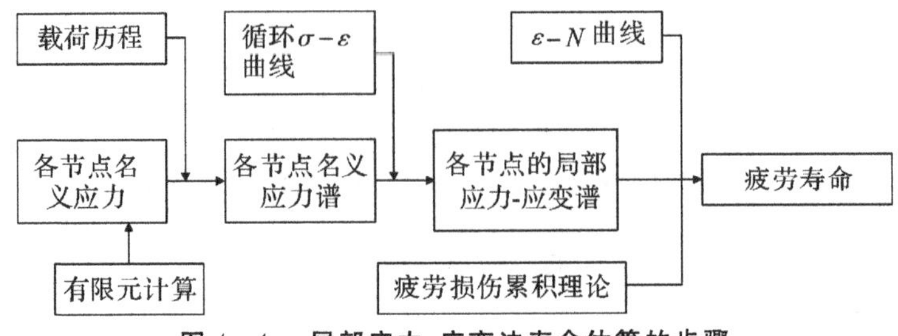

图 4-4　局部应力-应变法寿命估算的步骤

结构的疲劳损伤是由材料的塑性形变引起的，通常结构在服役期整体上处于弹性状态，但是在某些应力集中部位(通常是疲劳危险部位)在高应力水平下进入塑性状态，此时缺口根部的应力-应变为非线性关系，应力-应变历程的分析就变得比较困难。另外，由于疲劳寿命对局部应变十分敏感，局部应变10%的差别会造成疲劳寿命数倍的差别，因此局部应力-应变历程计算的正确与否直接关系着疲劳寿命的估算精度。而 Neuber 近似解法是确定局部应力-应变历程最典型的方法。

Neuber 提出的计算缺口根部弹塑性应力-应变的方程为

$$K_T=\sqrt{K_\sigma K_\varepsilon} \tag{4-9}$$

式中：K_T 为理论应力集中系数；$K_\sigma=\sigma/S$ 为应力集中系数，σ 为缺口根部的局部应力，S 为名义应力，当试验件处于弹性时，$K_\sigma=K_T$；$K_\varepsilon=\varepsilon/e$ 为应变集中系数，ε 为缺口根部的局部应变，e 为名义应变。当试验件处于弹性时

$$K_\varepsilon=\frac{\sigma/E}{S/E}=K_T \tag{4-10}$$

在实际工程中，通常结构整体上处于弹性，即名义应力 S 和名义应变 e 之间为弹性关系，即 $S=Ee$，将此式代入式(4-10)，得

$$\sigma\varepsilon=\frac{K_T^2S^2}{E}=K_T^2Se=C \tag{4-11}$$

式中：$C=\dfrac{K_T^2S^2}{E}$，被称为 Neuber 常数；E 为弹性模量。

Neuber 公式由于是从受纯剪棱柱体在特殊的材料应力-应变关系下得出的，故严格地说，将其推广到其他加载方式、其他结构形式和材料的应力-应变关系是不成立的。为了使 Neuber 公式适用于一般情况，更主要的是为了提高疲劳寿命预测的精度，提出了修正的 Neuber 公式，在这一公式中用疲劳缺口系数 K_f 代替理论应力集中系数 K_T，式(4-11)改写为

$$\sigma\varepsilon = \frac{K_f^2 S^2}{E} = K_f^2 S e = C \tag{4-12}$$

在循环加载过程中，修正的 Neuber 公式可写为

$$\Delta\sigma\Delta\varepsilon = \frac{K_f^2 \Delta S^2}{E} = K_f^2 \Delta S \Delta e = C \tag{4-13}$$

式中：ΔS、$\Delta\sigma$ 和 $\Delta\varepsilon$ 分别为名义应力幅值、局部应力幅值和局部应变幅值。

4.2.4.3　**应力场强法**

应力场强法基于材料的循环应力-应变曲线，通过弹、塑性有限元分析计算缺口件的应力场强度历程，然后根据材料的 $S-N$ 曲线或 $\varepsilon-N$ 曲线，结合疲劳累积损伤理论，估算缺口件的疲劳寿命。

4.2.5　疲劳累积损伤理论

大多数工程结构或机械的失效是由一系列变幅循环载荷所产生的疲劳损伤的累积而造成的，疲劳累积损伤理论研究的是在变幅疲劳载荷作用下疲劳损伤的累积规律和疲劳破坏的准则。按照疲劳损伤规律，目前所提出的疲劳累积损伤理论可归纳为以下 3 类：线性疲劳累积损伤理论、修正的线性疲劳累积损伤理论和非线性疲劳累积损伤理论。其中最著名的是 Miner 线性疲劳累积损伤理论和 Corten-Dolan 理论。

4.2.5.1　Miner **线性疲劳累积损伤理论**(Palmgren-Miner **理论**)

线性疲劳累积损伤理论是指在循环载荷的作用下，疲劳损伤是可以线性累加的，各个应力之间相互独立、互不相关，当累加的损伤达到某一数值时，试件或构件就发生破坏。

Miner 理论的基本假设：

(1) 损伤正比于循环比(损伤比)。对于单一的应力循环，若用 D 表示损伤，用 n/N 表示循环比，则 $D \propto n/N$。其中，n 表示循环数，N 表示发生破坏时的寿命。

(2) 试件能够吸收的能量达到极限值，导致疲劳破坏。根据这一假设，如果破坏前试件能够吸收的能量极限值为 W，试件破坏前的总循环次数为 N；而当处于某一循环数时，试件吸收的能量为 W_1，试件吸收的能量与其循环数 n_1 存在着正比关系：

$$\frac{W_1}{W} = \frac{n_1}{N} \tag{4-14}$$

(3) 疲劳损伤可以分别计算，然后线性叠加。若试件的加载历史由 $\sigma_1,\sigma_2,\cdots,\sigma_r$ 等 r 个不同的应力水平构成，各应力水平下的寿命分别为 $N_1,N_2,\cdots,N_r$，各应力水平下的循环数分别为 $n_1,n_2,\cdots,n_r$，则可得出

$$D=\sum_{i=1}^{r}\frac{n_i}{N_i} \tag{4-15}$$

式中：n_i 为某应力水平下的循环数；N_i 为该应力水平下发生破坏时的寿命。

当损伤等于 1 时，零件发生破坏，即

$$\sum_{i=1}^{r}\frac{n_i}{N_i}=1 \tag{4-16}$$

(4) 加载次序不影响损伤和寿命，即损伤的速度与以前的载荷历程无关。

当上述这些假设得到很好的满足时，Miner 线性疲劳累积损伤理论可以得到满意的结果。但是，试验证明，很多累积损伤试验的结果往往不符合按线性累积损伤定律估算的结果。例如，即使在简单的两应力级分级试验中，也发现试样的寿命取决于加载的顺序。常规疲劳试验的试样在简单的两应力级分级试验中，低-高应力试验时的 $\sum_{i=1}^{r}\frac{n_i}{N_i}$ 值往往大于 1，这可能是在因此低应力下材料产生低载“锻炼”效应，使裂纹的形成时间推迟，反之，高-低应力试验时的 $\sum_{i=1}^{r}\frac{n_i}{N_i}$ 值往往小于 1，这可能是因为在高应力下裂纹易于形成，致使后继的低应力能使裂纹扩展。事实上，没有充分的理由作下面的假设：“在微观裂纹的形成和扩展期内，累积损伤必定是线性的，因而可以相加。”由裂纹形成的微观机理可知，即使是较小的循环应变幅度，微观裂纹的形成过程和宏观裂纹的扩展过程也是不同的。所以，按 Miner 线性疲劳累积损伤理论进行简单相加不大可能提供准确的寿命估算。而且，大量两应力级试验得到大范围的 $\sum_{i=1}^{r}\frac{n_i}{N_i}$ 均介于 $0.3\sim3.0$ 之间，因此，只能认为两应力级加载条件下材料的线性疲劳累积损伤方程式 $\sum_{i=1}^{r}\frac{n_i}{N_i}=1$ 是一个近似式，多应力级试验也可得到上述结论。虽然如此，但是由于 Miner 线性疲劳累积损伤理论方程简单，运用方便，而且对于随机载荷，试验件破坏时的临界损伤值 $\sum_{i=1}^{r}\frac{n_i}{N_i}$ 在 1 附近，用 Miner 理论可以较好地预测疲劳寿命的均值，故在工程上得到了广泛的应用。

4.2.5.2 Corten-Dolan **理论**

Corten-Dolan 理论是一种非线性累积损伤理论，该理论认为：在试样表面的

许多地方可能出现损伤，损伤核的数目 m 由材料所承受的应力水平决定。在给定的应力作用下所产生的疲劳损伤 D，可表示为

$$D = mrn^{a} \tag{4-17}$$

式中：a 为常数；m 为损伤核的数目；r 为损伤系数；n 为给定应力的循环数。对于不同的加载历程，疲劳破坏时的总损伤 D 是一个常数，所以，当同一个零件分别承受应力 σ_1 和 σ_2 时，其总损伤可分别表示为

$$D = m_1 r_1 N_1^{a_1} \tag{4-18}$$

$$D = m_2 r_2 N_2^{a_2} \tag{4-19}$$

于是可得

$$D = m_1 r_1 N_1^{a_1} = m_2 r_2 N_2^{a_2} \tag{4-20}$$

式中：N_1 和 N_2 分别表示在应力 σ_1 和 σ_2 作用下，零件在被破坏时的应力循环数。

H. T. Corten 和 T. J. Dolan 还通过试验总结得到两应力级试验中估算寿命 N 的公式为

$$N = \frac{N_1}{\alpha + \left(\frac{r_2}{r_1}\right)^{1/a}(1-\alpha)} \tag{4-21}$$

式中：α 为应力 σ_1 的循环数占整个载荷块循环数的比例；$\left(\frac{r_2}{r_1}\right)^{1/a} = \left(\frac{\sigma_2}{\sigma_1}\right)^{d}$，$d$ 为材料常数，由试验确定。将其代入式(4－21)，即可得两级循环载荷作用下的 Corten-Dolan 累积损伤理论计算公式：

$$N = \frac{N_1}{\alpha + (1-\alpha)(\sigma_2/\sigma_1)^{d}} \tag{4-22}$$

推广到多级加载情况，可得

$$N = \frac{N_1}{\sum_{i=1}^{r} \alpha_i \ (\sigma_i/\sigma_1)^{d}} \tag{4-23}$$

式中：N 为在多级循环应力作用下材料破坏时的总循环数；N_1 为在最大循环应力 σ_1 作用下材料破坏时的循环数；σ_1 为多级循环应力中的最大循环应力；α_i 为循环应力 σ_i 的循环百分数；d 为试验确定的材料常数；r 为应力水平级数。

大量试验证明，非线性疲劳累积损伤理论往往在描述二级加载情况的疲劳损伤的累积时比较有效，但在随机加载下，它并不比线性疲劳累计损伤理论显得优越，如果随机载荷系列中的疲劳载荷几乎都处于 HCF 区，那么用 Miner 线性疲劳累积损伤理论就已经足够了。

4.2.6 雨流计数法

有两种分析随机载荷变化过程的统计方法：功率谱法和计数法。前者给出载荷幅值的均方值随频率的分布，它保留了载荷的全部信息，是一种较精确、严密的载荷统计方法；后者运用概率统计原理，把载荷变化过程中出现的极值大小及其次数，或幅值大小及其次数，或穿过某载荷量级的次数进行统计，得到表征载荷量值及其出现次数（频次）关系的载荷频次图。计数法简便易行、数据处理工作量小，所用数据分析仪器简单，便于实时分析，因此，目前工程界普遍认同和采用计数法。“计数”是一个建立在概率论和数理统计理论基础上的统计分析方法，它主要是把载荷-时间历程简化成全循环或半循环的处理。常见的载荷谱计数法多种多样，其中雨流法是目前工程界最为广泛应用的计数法。

雨流法由 M. Matsuishi 和 T. Endo 提出，其建立在对封闭的应力-应变迟滞回线进行逐个计数的基础上，较好地反映了随机加载的全过程。它取一垂直向下的坐标表示时间，横坐标表示应力。这时，应力-时间历程与雨流点从宝塔顶向下流动的情况相似。

雨流法的计数规则如下：

(1) 重新安排应力-时间历程，以最高峰值或最低谷值（视两者的绝对值哪一个更大）为起点。

(2) 雨流依次从每个峰（或谷）的内侧向下流，在下一个峰（或谷）处落下，直到对面有一个比其起点更高的峰值（或更低的谷值）停止。

(3) 当雨流遇到来自上面屋顶流下的雨流时，即行停止。

(4) 取出所有的全循环，并记录下各自的幅值和均值。

传统的雨流计数法在实际计数过程中一般都采用四峰谷计数原则，它的计数原理如下：

用四峰谷计数原则判别相邻的四峰谷值中是否存在一个全循环，即对整个载荷时间历程反复寻找如图 4-5(a) 或图 4-5(b) 所示的四峰谷值波形。

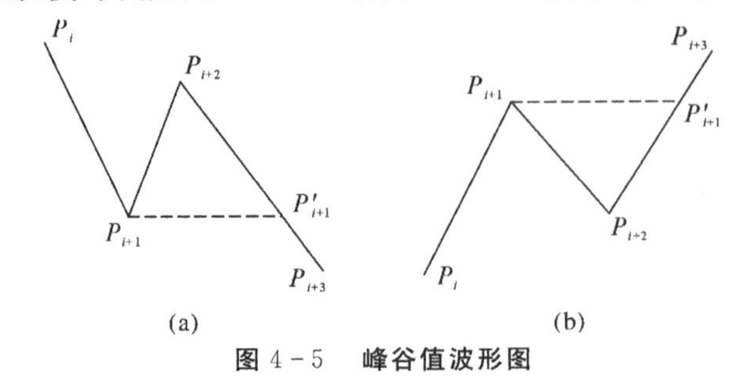

图 4-5 峰谷值波形图

用数学模型表示为：

在图 4－5(a) 中：$P_i \leqslant P_{i+2}$ 且 $P_{i+1} \leqslant P_{i+3}$。

在图 4－5(b) 中：$P_i \geqslant P_{i+2}$ 且 $P_{i+1} \geqslant P_{i+3}$。

凡是满足上述两条关系式的 4 点便可以取出一个变程为 $|P_{i+2} - P_{i+1}|$、均值为$\dfrac{P_{i+2} + P_{i+1}}{2}$ 的循环。

雨流法与应变分析法结合使用时特别有利，这时可以鉴别局部应力-应变响应图中封闭迟滞回环的个数，从而可以使用应力-寿命曲线和一定的累积损伤理论计算其损伤。

4.2.7　材料的 S－N 曲线

S－N 曲线反映的是外加应力 S 和疲劳寿命 N 之间的关系，也称为 Woöhler 曲线。一条完整的 S－N 曲线如图 4－6 所示，可分为三段：低周疲劳区（LCF）、高周疲劳区（HCF）和亚疲劳区（SF）。$N = 1/4$（静拉伸）对应的疲劳强度为 $S_{\max} = S_b$；$N = 10^6 \sim 10^7$ 对应的疲劳强度为疲劳极限 $S_{\max} = S_e$；在 HCF 区，S－N 曲线在对数坐标系上几乎是一条直线。

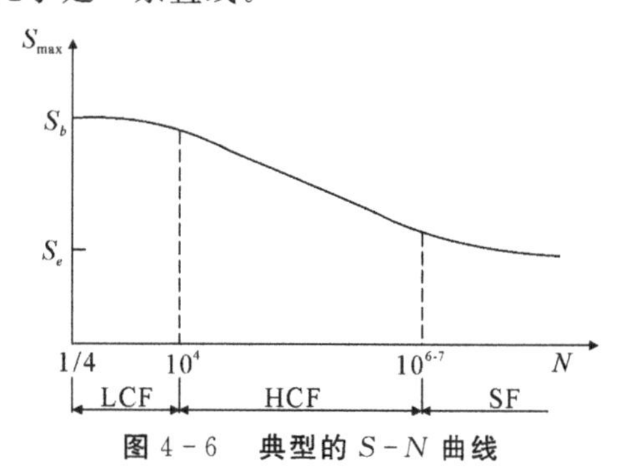

图 4－6　典型的 S－N 曲线

描述 S－N 曲线在 HCF 区的这一段直线或 LCF 区和 SF 区的曲线经验方程有以下几个。

(1) 单轴应力的应变-寿命公式。

$$\frac{\Delta\sigma}{2} = \frac{\sigma_f'}{E}(2N_f)^b + \varepsilon_f'(2N_f)^c \tag{4-24}$$

(2) 正应变公式。

$$\frac{\Delta\varepsilon_1}{2} = \frac{\sigma_f'}{E}(2N_f)^b + \varepsilon_f'(2N_f)^c \tag{4-25}$$

(3) 最大剪切应变公式。

$$\frac{\Delta\gamma_{\max}}{2}=1.3\frac{\sigma_f'}{E}(2N_f)^b+1.5\varepsilon_f'(2N_f)^c \tag{4-26}$$

(4) von Mises 应变公式。

$$\frac{\Delta\varepsilon_{\text{eff}}}{2}=\frac{\sigma_f'}{E}(2N_f)^b+\varepsilon_f'(2N_f)^c \tag{4-27}$$

(5)Basquin 公式。

$$S_a=\sigma_f'(2N_f)^b \tag{4-28}$$

(6)Brown-Miller 公式。

$$\frac{\Delta\gamma_{\max}}{2}+\frac{\Delta\varepsilon_\eta}{2}=1.65\frac{\sigma_f'}{E}(2N_f)^b+1.75\varepsilon_f'(2N_f)^c \tag{4-29}$$

(7)Weibull 公式。

式(4-26)～式(4-28)均为两参数公式,只适用于描述 HCF 区的$S-N$曲线,而 Weibull 公式包含了疲劳极限:

$$N_f=S_f(S_a-S_{ae})^b \tag{4-30}$$

虽然近几十年已完成大量 $S-N$ 曲线的试验测试工作,但是影响 $S-N$ 曲线的因素很多,对于标准试验测试,主要有以下几种影响因素:应力集中系数 K_T、应力比 R、平均应力 S_m 以及加载方式等。在进行寿命估算时很难找到刚好适用的 $S-N$ 曲线,为避免再对结构进行试验,通常做法是对现有 $S-N$ 曲线进行必要的修正以得到我们所需要的曲线。

4.2.8 疲劳设计准则

疲劳失效是结构材料或零部件在交变载荷作用下的一种失效形式。疲劳失效过程一般包括裂纹形成、裂纹亚稳态扩展和失稳扩展 3 个阶段。疲劳设计准则一般可划分为:

(1) 无限寿命设计 —— 要求设计应力低于疲劳极限,这也是最早的疲劳安全设计准则。

(2) 安全寿命设计(有限寿命设计)—— 要求零部件或结构在规定的使用期限内不产生疲劳裂纹。

(3) 破损安全设计 —— 要求裂纹被检出来之前,不会导致整个结构破坏(这要求裂纹能被及时检出,且有相当长的亚临界扩展期)。

(4) 损伤容限设计 —— 假设结构中存在初始裂纹,应用断裂力学的方法计算裂纹的扩展寿命(这种方法适用于韧性好的材料、裂纹扩展速率较慢的场合),并借助多通道承载和止裂结构等保证使用安全。

4.3　起重装备的载荷分析

4.3.1　起重机载荷概述

作用在起重机上的载荷分为常规载荷、偶然载荷、特殊载荷及其他载荷等类别。

(1) 常规载荷。常规载荷即在起重机正常工作中经常发生的载荷,包括由重力产生的载荷及由驱动机构、制动器作用在起重机和起升质量上,因加速度、减速度及各种位移引起的载荷。在防止屈服、防止弹性失稳及需要时进行防止疲劳失效等能力验算中,应考虑这类载荷。

(2) 偶然载荷。偶然载荷即在起重机正常工作时不经常发生的、偶然出现的载荷,包括由工作状态的风、雪、冰、温度变化及运行偏斜引起的载荷。在防止疲劳失效的计算中通常不考虑这些载荷。

(3) 特殊载荷。特殊载荷即在起重机非正常工作时或不工作时才发生的特殊载荷,包括由起重机试验、非工作状态风、缓冲器碰撞及起重机(或其一部分)发生倾翻趋势、起重机意外停车、传动突然失效或起重机基础发生外部激励引起的载荷等。在防止疲劳失效的计算中也不考虑这些载荷。

(4) 其他载荷。其他载荷即在其他某些特定情况下发生的载荷,包括在起重机安装、拆卸及运输时出现的载荷、作用在起重机的平台或通道上的载荷等。

4.3.1.1　**常规载荷**

(1) 自重载荷、起升载荷及由垂直运动引起的载荷为常规载荷。

1) 自重载荷 P_G。自重载荷是指起重机本身的结构、机械设备、电气设备以及在起重机工作时始终积存在它的某个部件上,如附设在起重机上的漏斗料仓、连续输送机及在它上面的物料等的重力,对某些起重机的使用情况,它甚至还要包括结壳物料的重力,例如煤或类似粉末黏结在起重机及其零部件上而出现的重力,但在起升载荷中规定的重力除外。

2) 起升载荷 P_Q。起升载荷是指起升质量的重力,包括起升荷重(物品)、取物装置(包括吊钩、抓斗、电磁盘等起重吊具和下滑轮组吊梁等属具及吊钩以下的索具)和起重钢丝绳悬垂段质量(起升高度小于 50 m 时的起升钢丝绳的质量不计）产生的重力。

3）起升冲击载荷。当荷重（物品）离开地面起升时，对起重机本身（主要是对金属结构）将产生振动激励。起重机自身质量受到起升冲击而出现的动力响应，用起升冲击系数 ϕ_1 乘以起重机自身质量（自重）的重力来考虑。为反映这种振动引起载荷增大和减小的变化范围的上、下限，通常该系数为两个值：$\phi_1 = 1 \pm \alpha$，$0 \leqslant \alpha \leqslant 0.1$。系数 ϕ_1 用于起重机结构和它的支承设计计算中。

4）起升动载载荷。当荷重（物品）突然被提升离地，或在下降过程中突然在空中制动时，所起升的质量的惯性力将对起重机的承载结构和传动机构产生附加的动载荷作用。此作用用一个大于1的起升动载系数 ϕ_2 乘以2）中规定的起升载荷 P_Q 来考虑。ϕ_2 的值与起升状态及起升驱动系统的控制情况有关。

根据起重机不同的操作平稳程度和动力特性，将起升状态划分为 $HC_1 \sim HC_4$ 四个级别，列于表4-1中，应根据经验选择。相应的系数 β_2 和 ϕ_2 值也列于表4-1中，并用图4-7说明。起升状态级别通常根据起重机的各种具体特定类型选取。无论对何种起升状态级别，ϕ_2 值也可按试验或分析来确定。

表4-1　β_2 和 ϕ_2 值

起升状态级别	β_2	ϕ_2	
		ϕ_{2min}	ϕ_{2max}
HC_1	0.2	1.00	1.3
HC_2	0.4	1.05	1.6
HC_3	0.6	1.10	1.9
HC_4	0.8	1.15	2.2

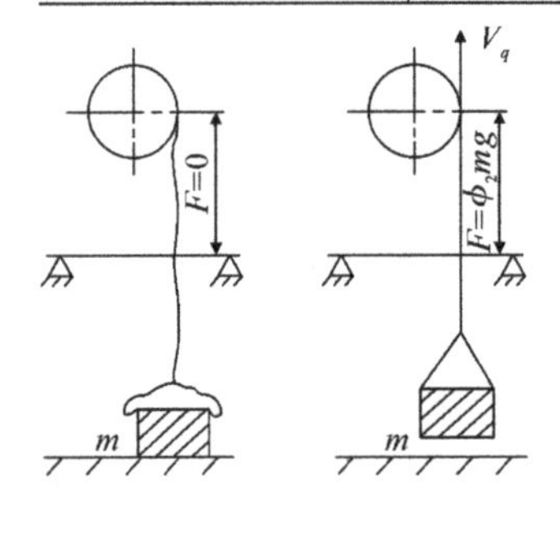

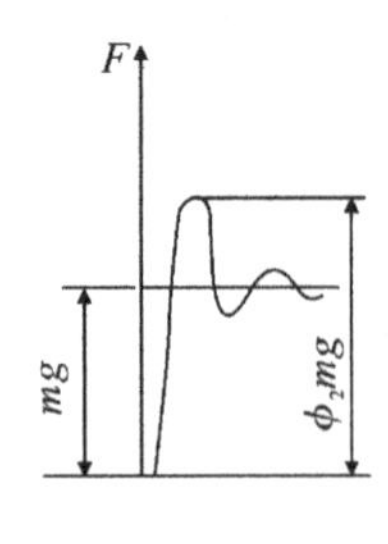

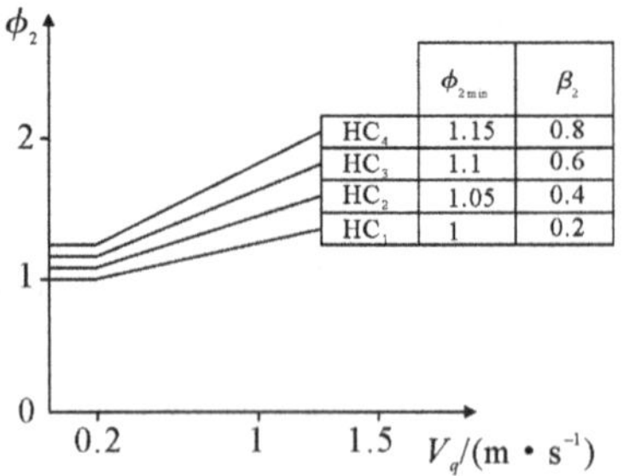

图4-7　系数 ϕ_2

在起升无约束的地面荷重时，其重力从在地面上承受突然转移到由起重机结构承受时对起重机结构的动力效应（注意：本条所述的动力效应，发生在起升吊具将荷重吊离地面的瞬间，且正在驱动机构加速之时，是动能和驱动转矩共同造成的结果），用系数 ϕ_2 乘以起升质量的重力来考虑（见图4-7）。

系数 ϕ_2 的取值：

$$\text{当 } V_q \leqslant 0.2 \text{ m/s 时}, \phi_2 = \phi_{2\min}$$

$$\text{当 } V_q > 0.2 \text{ m/s 时}, \phi_2 = \phi_{2\min} + \beta_2 (V_q - 0.2)$$

式中：V_q 为稳定起升速度，单位为 m/s，与起升荷重有关，由空载电动机或发动机的稳定转速导出；β_2 为由起升状态级别设定的系数，见表 4－1；ϕ_2 为起升动载系数；$\phi_{2\min}$ 为与起升状态级别相对应的起升动载系数的最小值，见表 4－1。

通常，由不同的动力载荷引起的动态响应，可用动力系数 ϕ 乘以各个质量产生的重力以及由刚体运动产生的惯性力来考虑，但对于例如由振动引起发生附加弯曲这一类的动态响应，若它们小到可以忽略不计，则应进行弹性动力分析或试验，而不能用动力系数 ϕ 来表达其动载效应。

(2) 水平惯性力。起重机在回转和变幅运动起动或制动时，应根据加在机构电动机轴上的加速(或减速）转矩计算水平惯性力。在起重机金属结构的计算中，起重机的自身质量和起升荷载产生的水平力，也按其质量与质量中心的加速度的乘积的 ϕ_2 倍计算，并把起升荷载视为与起重机臂端刚性固接。加速度值取决于起重机本身。对一般的起重机，根据其速度和半径的不同，臂架头部的加速度值可在 $0.1 \sim 0.6$ m/s^2 之间选取，加速时间在 $5 \sim 10$ s 之间选取。

4.3.1.2　**风载荷(偶然载荷)**

在露天工作的起重机应考虑风载荷 P_W 的作用，由于风力的实际情况比较复杂，而要对起重机受风力作用后动态响应产生的载荷精确地计算则更加复杂，因此通常只进行起重机风载荷的估算，其目的是验证起重机在规定(或约定）的风力条件下是否能够正常、安全地工作。

4.3.2　载荷情况与载荷组合

轮式起重机是一种短周期循环工作的机械，这就造成起重机实际载荷的多变性。实际上不仅在不同的循环中载荷是不同的，即使在同一循环过程中，虽然起升载荷不变，也有有载行程和无载行程的差别，由于每一循环要经历多次起动、制动，动载荷会重复出现。由于自重和起升载荷作用位置的移动、挡风面积的变化等也会导致构件受载的改变，而且许多载荷单独来看是确定的，但它们的组合一般总是随机的，除此以外，还有一些载荷，如风载荷、冲击载荷，都有明显的随机性，因此起重机受载过程一般是一个随机过程。目前对起重机的随机载荷虽已进行了研究并取得了一些成果，但总的来说研究还是很不充分，还没有得到足够的数据供工程设计应用。因此现阶段起重机的设计计算仍主要采用定性的方法。不过可以引进某些概率设计的概念，如载荷组合、疲劳计算时采用载荷谱概念等。

《起重机设计规范》规定了动载荷的简化计算方法，一方面是上述原因，另一方面由于一些理论推导的公式过于烦琐不易计算。简化后的力学模型简单，问题的解可写成闭合的公式，物理概念清楚，对起重机的许多动载荷问题用简化方法也能满足工程设计所需要的精度，尤其对起重机的初步设计，简化方法更有优越性。迄今为止，许多国家的起重机设计规范及国际标准化协会（ISO）的标准，都是应用动载荷系数的方法进行载荷计算的。

在设计起重机时要针对不同的计算类型，将载荷作适当的组合。《起重机设计规范》中提出，主要考虑以下 3 种载荷组合：

Ⅰ 类载荷（正常工作载荷的组合）；

Ⅱ 类载荷（工作最大载荷的组合）；

Ⅲ 类载荷（非工作最大载荷的组合）。

其中 Ⅱ 类载荷是有关零构件静强度、构件局部稳定性以及起重机抗倾覆稳定性的计算载荷。设计中所要考虑的是起重机在工作时可能发生的最不利的载荷组合，如最大起升载荷、最大工作风载荷、最大物品摆动载荷。在汽车起重机的总体设计中，由于要计算的大多是零件的静强度所需的载荷，故主要采用 Ⅱ 类载荷计算。

4.4 起重装备的关键结构件应力与变形计算

某型起重装备整机如图 4-8 所示，其采用两节伸缩式起重臂，各节臂间有相对滑动，靠其中的支撑滑块来支撑起重臂并传递力。起重臂截面采用六边形形式，六边形截面侧板薄，压成折弯形，受力合理，下盖板较上盖板宽度小，具有较高抗屈曲能力。

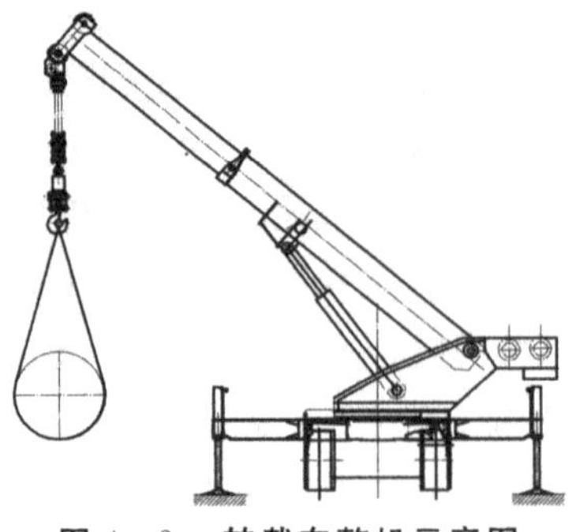

图 4-8 转载车整机示意图

通过起重臂能够将重物提升到一定的高度，改变起重臂倾角可达到变幅的目的，以增大作业范围。起重臂设计的合理性，直接影响着起重装备的承载能力和整机性能。因此对起重装备的起重臂进行合理的结构设计和力学分析有着非常重要的意义。

4.4.1　起重臂有限元模型的建立

(1) 实体建模。鉴于ANSYS软件实体造型的局限性和起重臂自身结构的复杂性，本书采用通用三维造型软件 SolidWorks 对起重臂进行实体建模，然后以 Parasolid(x_t) 格式将实体模型导入 ANSYS 进行有限元分析。

(2) 单元类型的选择。基于软件对起重臂进行有限元分析的方法通常是将起重臂结构视为线模型，后赋予梁单元属性进行强度和刚度等方面的有限元计算，但是梁单元是用线来代替三维实体结构，并不能反映结构几何上的细节，且伸缩式起重臂是由钢板焊接而成的箱型结构，应该选用二维板壳单元和三维实体单元混合分网，或全部选用三维实体单元划分网格。考虑到起重臂模型较复杂，本书采用三维实体单元 Solid187 对起重臂进行有限元分析。

Solid187 单元是一个高阶三维 10 节点固体结构单元，单元具有二次位移模式，可以更好地模拟不规则的模型。

(3) 材料的定义。起重臂结构材料的参数见表 4-2。

表 4-2　起重臂结构材料参数

构 件	材 料	弹性模量 /Pa	泊松比	密度 /(kg·m^{-3})
基本臂和二级臂	DB685	2.06×10^{11}	0.3	7 850
滑块	尼龙	0.283×10^{11}	0.4	1 140

(4) 实体模型处理及划分网格。从起重臂的整体结构来看，各节臂之间通过滑块接触和挤压来传递力，故分析中必须解决各节臂与滑块的连接关系。由于涉及接触问题，本该通过 ANSYS 设定接触对其进行求解，但是由于接触分析属于非线性分析范畴，求解过程需要反复迭代，既耗时又不易收敛，且起重臂实际结构中的接触特性不易模拟，为尽可能减小起重臂结构发生应力奇异的区域，只能用一般的有限元方法求解。其中，节点耦合(Couple DOFs) 是比较常用的技术，但是节点耦合技术要求接触面上对应节点的坐标必须一致，此条件在一般条件下很难满足。考虑到此次分析为静态分析(构件不能有刚体位移)，故分析中采用布尔操作——粘贴(Vglue) 对模型进行处理，即将滑块同各级臂粘连起来，此法使得分析模型转为线性，从而大大减少计算时。采用自由分网(Free) 技术，最终形成单元数为 556 151 个。

(5) 施加载荷及约束处理。

1）载荷分析。作用在起重机上的载荷分为常规载荷、偶然载荷、特殊载荷及其他载荷等，但是由于常规载荷是起重装备正常工作中经常发生的载荷，且此次对起重装备起重臂进行的是静强度试验分析，所以对起重臂计算所需的载荷仅为常规载荷中的自重载荷、起升载荷、考虑动载系数与相应静载荷相乘的动载效应以及由货物偏摆及风载等因素产生的侧向载荷（偶然载荷）。

由于 ANSYS 有限元软件可根据结构材料参数自动计算其重力，故在此无需另行施加。起重臂额定起升载荷 P_Q 是起重装备起吊额定起重量时的重力，在试验中为 28 t。当货物无约束起升离开地面时，货物的惯性力将会使起升载荷出现动载增大的作用，此动载效应用一个大于 1 的起升动载系数 ϕ_2 乘以额定起升载荷 P_Q 来考虑，试验中起升动载系数 ϕ_2 根据试验确定，取 1.25。侧载可以采用吊重侧向偏移的方法施加于臂架头部，但必须保证在施加侧载时不得产生铅垂方向的附加分力，其大小用一个侧载系数乘以额定起升载荷 P_Q 来考虑，侧载系数 φ 根据最大额定起重量选择，在此次试验中，侧载系数 φ 取 0.05。

考虑起重臂的最危险工况（全伸臂），根据《汽车起重机和轮胎起重机试验规范 第 3 部分：结构试验》（GB/T 6068.3—2005）布置结构应力测试工况，见表 4－3。

表 4－3　结构应力测试工况

工 况	臂长 /m	幅度 /m	吊具质量 /t	额定载荷 /t	超载 /t	侧载 /t
工况一	11.15	5.0	0.5	P_Q(28)	—	—
工况二				P_Q(28)	—	φP_Q(1.4)
工况三				—	$\phi_2 P_Q$(35)	—

注："—" 表示该工况下没有施加此项载荷。

由于此次试验分析仅针对起重装备起重臂结构，故还需在臂架头部施加起升绳拉力 S_1、S_2，其方向位于臂架端点与起升卷筒的连线上（见图 4－9）。

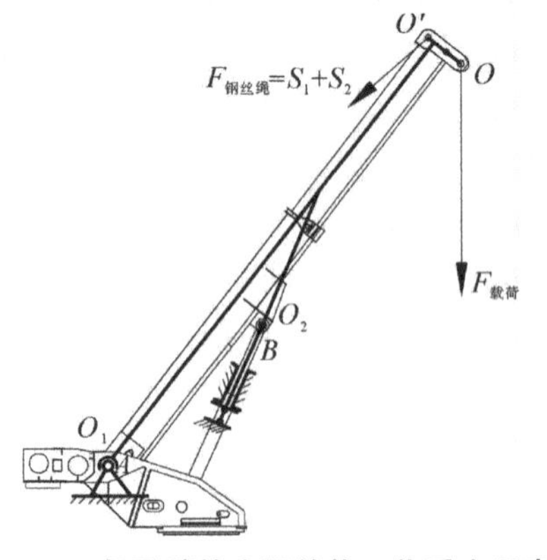

图 4－9　起重臂的实际结构工作受力示意图

根据规范，采用双联滑轮组时，钢丝绳最大拉力为

$$S_{max} = (P_Q + P_{吊具})g/(m\eta_{组}\ \eta_1\eta_2 \sin\alpha \times 2) = 38.373\ \text{kN}$$

式中：P_Q 为额定起升载荷，取 28 t；$P_{吊具}$ 为吊具质量，取 0.5 t；g 为重力加速度（m/s^2）；m 为滑轮组倍率，$m = 6$；α 为钢丝绳与吊具夹角，$\alpha = 40^0$；$\eta_{组}$ 为滑轮组效率，取 0.96；$\eta_1\eta_2$ 为导向轮效率，取 0.985；"2" 表示绕入卷筒的钢丝绳分支数为 2。

由于计算考虑的是起重臂最危险工况，故取 $S_1 = S_2 = S_{max} = 38.373$ kN。

2) 施加载荷及位移约束。由于基本臂根部铰点（见图 4-9 中 A 点）和变幅液压缸上铰点（见图 4-9 中 B 点）在变幅平面内为简支，在回转平面内呈固支，故需在柱坐标系下约束基本臂相应销孔的径向自由度和轴向自由度。

对于作用在起重臂上的载荷，可根据前述计算的数值和相应工况，以相应的方向施加于起重臂头部，如图 4-9 所示。对于起重臂自重，ANSYS 软件将根据密度与重力加速度自行计算，在此无需另行施加。

4.4.2　计算结果的处理及分析

(1) 刚度校核。由 ANSYS 通用后处理器 POST1 可知起重臂各方向上的变形分量，从而可计算出变幅平面及回转平面内挠度，见表 4-4。

表 4-4　不同工况下起重臂结构挠度值

单位：mm

工 况	变幅平面内挠度 L_X	回转平面内挠度 L_Y
工况一	74.84	1.05
工况二	73.92	25.92
工况三	93.95	1.32

当起吊额定载荷时，变幅平面内挠度为

$$L_X < [L_X] = \frac{L^2}{1\,000}(\text{mm})$$

当起吊额定载荷，并附加侧向载荷（额定载荷的 5%）时，回转平面内挠度为

$$L_Y < [L_Y] = \frac{0.7L^2}{1\,000}\ (\text{mm})$$

式中：$[L_X]$为起重臂在变幅平面内的许用挠度；$[L_Y]$为起重臂在回转平面内的许用挠度；L 为起重臂臂长（m）。

针对三种工况的许用挠度，有

$$[L_X]=0.124\ \mathrm{m}=124\ \mathrm{mm},\quad [L_Y]=0.087\ \mathrm{m}=87\ \mathrm{mm}$$

显然，三种工况下 $L_X<[L_X]$，$L_Y<[L_Y]$。

综上分析，三种工况下起重臂均满足刚度要求。

(2) 强度校核。按照图4-9中的约束，由于基臂根部铰点（见图4-9中 O_1 点）在变幅平面内为简支，在回转平面内呈固支，故需在柱坐标系下约束基臂相应铰孔的径向自由度和轴向自由度。变幅液压缸的底部可以轴向移动，但不可以径向移动，需建立局部笛卡儿坐标系，在局部笛卡儿坐标系下，约束变幅液压缸的轴向及径向移动，并在保证计算精度的前提下，在变幅液压缸和基臂之间采用固连方式，可得有限元模型处理结果，如图 4-10 所示。

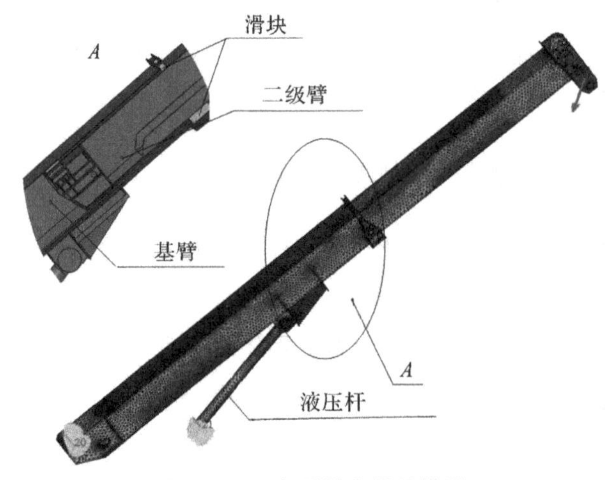

图 4-10　起重臂有限元模型

(3) 起重臂的有限元分析结果。由图 4-11 可知，起重臂大部分面积受到的应力小于 253 MPa。而在起重臂的二级臂背部和后滑块与基臂接触处应力较大。该区域属于模型耦合区，针对该区域执行布尔(Vglue) 操作，在有限元计算过程中会产生附加的拉压应力(并非施加于起重臂上的外载荷引起)，且此起重臂模型仅是实际结构的简化模型，很难精确地反映支撑滑块接触表面处的实际处理工艺(如润滑等)，所以在滑块接触表面出现应力奇异点，这并不代表实际应力状况，可忽略不计。而从应力云图中可以看出，在二级臂末与滑块实施布尔操作的地方，起重臂的最大 von Mise 等效应力约为 487 MPa，由于此处应力较大，应在以后检修中重点关注。

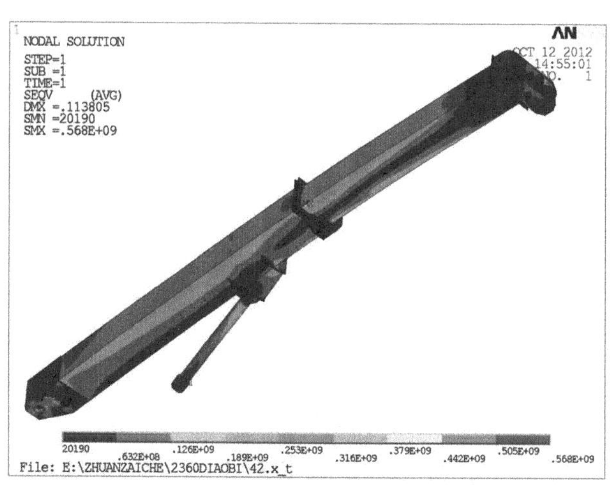

图 4-11　起重臂的有限元应力云图

4.5　钢结构件疲劳寿命预估

起重装备工作环境恶劣，服役周期长，工作强度高，使得在实际工作过程中的主要结构件疲劳强度降低，影响整机的寿命。另外，在实际工作中，有相当一部分起重装备其工作年限超出服役期限，其金属结构的疲劳问题更加突出。如何安全快速、简单实用地估算起重装备的剩余寿命显得尤为重要。

4.5.1　起重装备钢结构件寿命预估模型和材料寿命曲线

在构件的疲劳寿命分析中，广泛使用的名义应力法和局部应力-应变法适用于不同的应变范围。名义应力法适用于弹性应变主导的疲劳过程，局部应力-应变法适用于塑性应变主导的疲劳过程。此次分析所给出的模型试图适用于从弹性应变主导的应力疲劳过程到塑性应变主导的各种疲劳过程。

(1) 起重装备钢结构件的应变-寿命预估模型和应变-寿命曲线。起重装备在工作过程中，可能在加工的表面或其他应力集中的地方产生局部塑性变形，从而就很有必要建立起重臂的局部应变-寿命预估模型。在所有的应变-寿命公式中，Manson-Coffin 公式使用最为广泛，其表达式为

$$\frac{\Delta\varepsilon}{2}=\frac{\sigma_f'}{E}(2N_f)^b+\varepsilon_f'(2N_f)^c \tag{4-31}$$

式中：$\Delta\varepsilon$ 为应变范围；σ_f' 为疲劳强度系数；ε_f' 为疲劳延性系数；b 为疲劳强度指

数；c 为疲劳延性指数；E 为弹性模量；N_f 为以循环数计的疲劳寿命。

由于起重臂承受的应力为非对称应力状态，则需考虑平均应力的影响，用 Morrow 平均应力修正后，Manson-Coffin 方程式为

$$\frac{\Delta\varepsilon}{2}=\frac{\sigma_f^{'}-\sigma_m}{E}(2N_f)^b+\varepsilon_f^{'}(2N_f)^c \tag{4-32}$$

式中：σ_m 为平均应力。

名义应力-应变法认为结构表面均假设为光滑、无缺陷，应力-应变处于弹性范围。而局部应力-应变法考虑的是局部缺口的弹塑性应力-应变，必须将名义应力-应变转化为局部应力-应变。一般根据材料循环应力-应变曲线，采用近似修正的方法来获得弹、塑性应力-应变响应，常用的修正方法有单轴或多轴的 Neuber 准则和 Glinka 准则。本书在分析中采用 Neuber 准则，Neuber 公式为

$$\Delta\sigma\Delta\varepsilon=k_t^2\Delta s\Delta e \tag{4-33}$$

式中：$\Delta\sigma$ 为局部应力范围；$\Delta\varepsilon$ 为局部应变范围；Δs 为名义应力范围；Δe 为名义应变范围；k_t 为应力集中系数。

针对起重装备钢结构件的材料及其工作状态，可得到起重臂钢结构应变-寿命曲线的以下参数：

1）对非合金钢以及低合金钢，使用统一材料法，根据材料的极限抗拉强度 σ_b 可得到疲劳强度系数 $\sigma_f^{'}=1.67\sigma_b=1\ 144\ \text{MPa}$。

2）对于疲劳强度指数，考虑弹性线上有 $\frac{\Delta\varepsilon_e}{2}=\frac{\sigma_f^{'}}{E}(2N_f)^b$，在循环载荷作用下，导致材料的弹性极限上升，最大值到达 σ_b，对应的寿命为 ∞（可取寿命 $N=10^6$），则此时存在 $\Delta\varepsilon_e=\frac{\sigma_b}{E}$，由此考虑把 $N=10^6$ 及此时的 $\Delta\varepsilon_e$ 代入上式，得到：$(2\times10^6)^{-b}=\frac{2\sigma_f^{'}}{\sigma_b}$，两边取对数，得 $b=\frac{1}{6.3}\lg\frac{2\sigma_f^{'}}{\sigma_b}=-0.083$。

3）疲劳韧度系数 $\varepsilon_f^{'}=0.59\times(1.375-125\frac{\sigma_b}{E})=0.566$。

4）疲劳延性指数 c 取 -0.58。

5）循环应变硬化指数 $n^{'}=b/c=0.143$。

6）循环强度系数 $K^{'}=\frac{\sigma_f^{'}}{(\varepsilon_f^{'})^{n^{'}}}=1\ 241\ \text{MPa}$。

根据以上参数，可以在 FE-SAFE 中拟合得到材料的应变-寿命（$\varepsilon-N$）曲线，如图 4-12 所示。

由于对尼龙疲劳寿命的研究还不足，且此次计算主要为钢结构件的疲劳计

算，因此尼龙的参数在不影响钢结构件疲劳寿命的前提下，可将极限抗拉强度选得尽量大，本书选取 1 000 MPa。

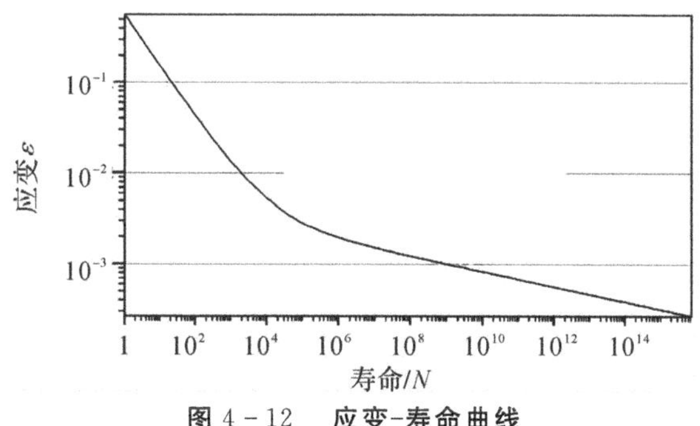

图 4－12　**应变-寿命曲线**

(2) 起重装备钢结构件的应力-寿命预估模型和应力-寿命曲线。起重装备钢结构在工作过程中，大部分区域的应变是处于弹性范围内的，而这些区域的疲劳破坏则是由交变应力引起。一条完整的 $S-N$ 曲线可分为三段：低周疲劳区(LCF)、高周疲劳区(HCF，对数直线段)和亚疲劳区(SF，临近疲劳极限)。在几种近似描述 $S-N$ 曲线的方程中，Basquin 公式是最简单，且对试验数据拟合得很好的一种方法，适用于寿命曲线的对数直线段。Basquin 公式为

$$\sigma_a = \sigma_f' \ (2N_f)^b \tag{4-34}$$

式中：σ_a 为应力幅；σ_f' 为疲劳强度系数；N_f 为以循环数计的疲劳寿命；b 为疲劳强度指数。

由于交变应力疲劳主要发生在高周疲劳阶段，且在高周疲劳区域，应力-寿命曲线在对数坐标系上几乎是一条直线。根据式(4－34)，可以在该直线段取两点($N_0 = 10^6$ 及 $N = 10^3$)得到该段 $S-N$ 曲线的斜率为

$$b = \frac{-(\lg\sigma - \lg\sigma_e)}{(\lg N_0 - \lg N)} = -\frac{1}{3}\lg\left(\frac{\sigma_3}{\sigma_e}\right) \tag{4-35}$$

式中：σ_3 和 σ_e 分别对应 10^3 次和 10^6 次时的疲劳强度值。

同上节 $b = -0.083$，从而根据资料，对于该型超低碳贝氏体钢起重臂的加载情况，可通过计算得到 $\sigma_3 = 603$ MPa 以及 $\sigma_e = 339$ MPa。

将式(4－34)使用到高周疲劳区段，并将疲劳寿命为 N_f 时的应力幅 σ_a 与 σ_e 相比。可得

$$N_f = N_0 \left(\frac{\sigma_a}{\sigma_0}\right)^{1/b} \tag{4-36}$$

因为起重臂受到了非对称的交变载荷，因此就出现了表示交变应力幅和平均应力之间的经验公式。对于有限寿命设计，Goodman 曲线应用最广泛。

Goodman 公式为

$$\frac{\sigma_a}{\sigma}+\frac{\sigma_m}{\sigma_{\mathrm{b}}}=1 \tag{4-37}$$

式中：σ_m 为平均应力；σ 为疲劳极限应力。

结合式(4-36)、式(4-37)可得此次分析高周疲劳区域的疲劳寿命预估模型为

$$N_f=\left[\frac{\sigma_{\mathrm{b}}\sigma_a}{\sigma_e\times(\sigma_{\mathrm{b}}-\sigma_m)}\right]^{-12.05}\times 10^6 \tag{4-38}$$

对于钢制零件，在 FE-SAFE 中输入 10^3 和 10^6 次循环时的疲劳强度值可定义一条 $S-N$ 曲线，该曲线适用于材料的高周疲劳区。对尼龙和起重臂钢结构表面的处理同上节。起重臂钢结构件应力-寿命($\sigma-N$)曲线如图 4-13 所示。

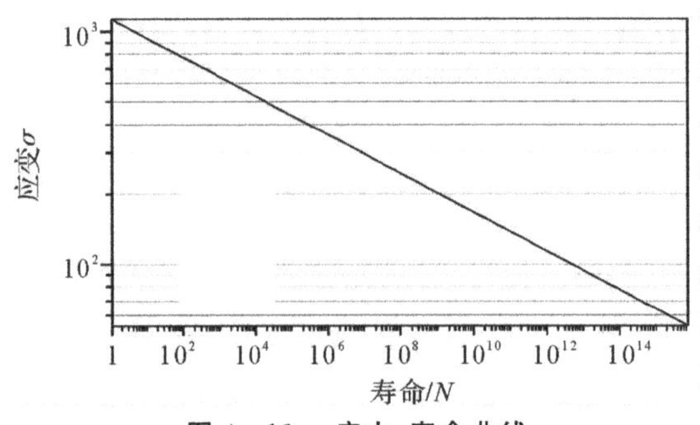

图 4-13　应力-寿命曲线

(3) 临界平面寿命预估模型。目前被业界广泛认同的疲劳寿命预测模型是临界平面法，该方法基于断裂模型及裂纹萌生机理，认为材料失效发生在某给定损伤参数达到最大的平面，即疲劳损伤本质上是有方向的，疲劳损伤的累积、寿命预测都在该平面内进行，具有明确的物理意义。

确定临界平面的方法有多种，根据不同的损伤参量可以得到不同的判断准则，工程上常用的损伤模型有主应变准则、最大剪应变准则和 Brown-Miller 准则。其中 Brown-Miller 准则是 1973 年 Brown 和 Miller 等人提出的疲劳理论，认为裂纹的产生发生在最大剪应变所在的特定平面，其对延性金属材料的寿命估计与实际最相符。本书在分析中采用 Brown-Miller 准则，Brown-Miller 应变-寿命方程式为

$$\frac{\Delta\gamma_{\max}}{2}+\frac{\Delta\varepsilon_{\mathrm{n}}}{2}=1.65\frac{\sigma_f'}{E}(2N_f)^b+1.75\varepsilon_f'(2N_f)^c \tag{4-39}$$

式中：$\Delta\gamma_{\max}$ 为最大剪应变范围；$\Delta\varepsilon_{\mathrm{n}}$ 为最大剪应变平面上的法向应变范围；σ_f' 为疲劳强度系数；ε_f' 为疲劳延性系数；b 为疲劳强度指数；c 为疲劳延性指数；E 为

弹性模量；N_f 为以循环数计的疲劳寿命。

由于底架结构承受的应力为非对称应力状态，则需考虑平均应力的影响，用 Morrow 平均应力修正后，Brown-Miller 应变-寿命方程式为

$$\frac{\Delta\gamma_{\max}}{2}+\frac{\Delta\varepsilon_{n}}{2}=1.65\frac{\sigma_f'-\sigma_{m,n}}{E}(2N_f)^b+1.75\varepsilon_f'(2N_f)^c \qquad (4-40)$$

式中：$\sigma_{m,n}$ 为平均正应力。

应力-应变的修正同应变-寿命预估模型。对于多向载荷，在载荷历程上节点的主应力方向不断变化，因而临界平面的法向也在不断变化，在每个面上剪切应变或正应变都采用雨流计数法，计算每个循环的疲劳损伤，使用 Miner 准则来计算节点的疲劳寿命，所有面上的最短疲劳寿命作为节点的疲劳寿命。

其具体操作以底架为例：在后续疲劳分析中需要的是在单位载荷作用下的应力、应变信息，并且虚拟样机分析所得到的载荷历程是按照旋转副安装孔处的 X、Y、Z 三个方向分别输出的，所以在有限元静力学分析时需要对各个载荷历程分别建立单位载荷的加载事件(load case)，在对底架的四个支架端面施加固定约束的情况下，一个加载事件包括对中间硬点加载一个方向，大小为 1 的力或力矩(共 5 个加载事件)，并将每个加载事件写入载荷步，分别求解。因为每个载荷步施加单位载荷，应力较小，所以有限元分析为弹性分析，得到单位载荷所对应的名义应力。最后，将底架所受各向载荷历程和与之对应的各载荷步有限元分析结果相乘，便可得底架结构的名义应力谱。

对于起重装备各钢结构件，由于机械加工、表面热处理等原因，其表面会出现不平整(表面粗糙度约为 6.4 μm)，因此需引入“表面应力修正系数”k_S 对表面名义应力进行放大，k_S 选为 1.197(FE-SAFE 中表面粗糙度为 4 ~ 16 μm 时默认对应值)。

获得底架结构各节点的名义应力谱之后，结合材料的寿命曲线以及疲劳损伤理论(雨流计数法)，便可获得较为精确的疲劳寿命预估结果。

4.5.2　疲劳寿命预估结果

(1) 起重臂的寿命预估结果。起重臂主要受到载荷的拉力和钢丝绳的拉力。使用以上寿命预估分析步骤，可得寿命预估结果如下。

从图 4-14 中可以看出，起重臂钢结构件在 A 处的疲劳源首先进行扩展。从疲劳区域来看，当起重臂完成 $4\times10^{3.988}=38\ 910$ 个工作循环时，A 处的疲劳源由点发展成为面，即当完成 38 910 个工作循环时，疲劳裂纹有小范围扩展，这时萌生的不可见裂纹开始衍变为肉眼可见的细小裂纹；当结果为 $4\times10^{4.992}$ 时，A

处和B处疲劳区域有一定扩大，且之后其疲劳区域扩大迅速，即可认为当起重臂完成392 699个工作循环时，起重臂钢结构进入疲劳裂纹的稳定扩展阶段，如果继续使用该结构，则存在一定安全隐患。

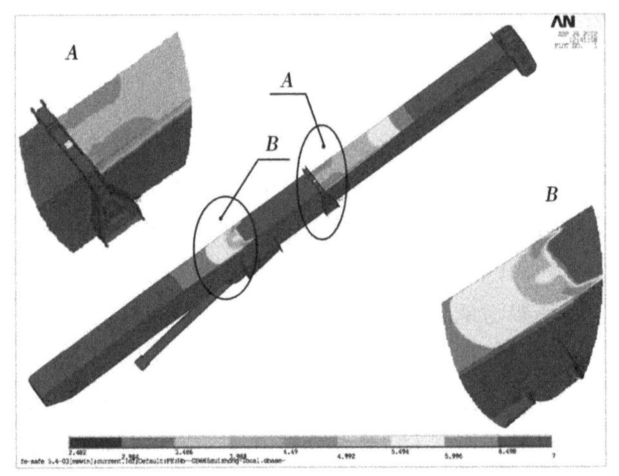

图4-14　基于应变-寿命模型的寿命云图(一)

从图4-15中可知，基于应力-寿命预估模型的起重臂钢结构件低寿命区域和应变-寿命预估模型结果基本吻合。其结果表明，起重臂完成30 978次工作循环时，在C处和D处产生肉眼的可见细小裂纹，约完成$4\times10^{(4.667+5.444)/2}=454\ 527$个工作循环时，$C$处进入大面积疲劳破坏阶段，此结构不应继续使用。

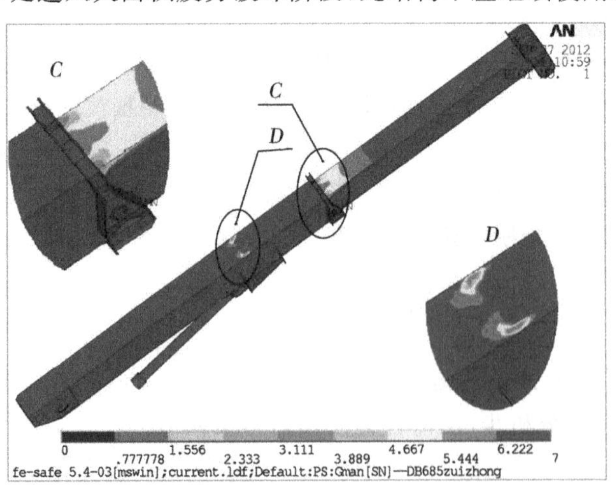

图4-15　基于应力-寿命模型的寿命云图(一)

(2) 底架的寿命预估结果。从图4-16可以看出，底架钢结构件龟台的右侧幅板下部，以及右前支腿架上疲劳源首先进行扩展。从疲劳区域来看，当起重臂

完成 $4\times10^{3.384}=9\ 684$ 个工作循环时，底架钢结构件的龟台右侧幅板下部，以及右前支腿架上的疲劳源由点发展成为面，即当完成 9 684 个工作循环时，疲劳裂纹有小范围扩展，这时萌生的不可见裂纹开始衍变为肉眼可见的细小裂纹，当结果在 $4\times10^{3.987}\sim4\times10^{4.992}$ 之间时，龟台右侧幅板处疲劳区域扩大迅速，即可认为当起重臂完成 $4\times10^{(3.987+4.992)/2}=123\ 469$ 个工作循环时，起重臂钢结构进入疲劳裂纹的稳定扩展阶段，如果继续使用该结构，则存在一定安全隐患。

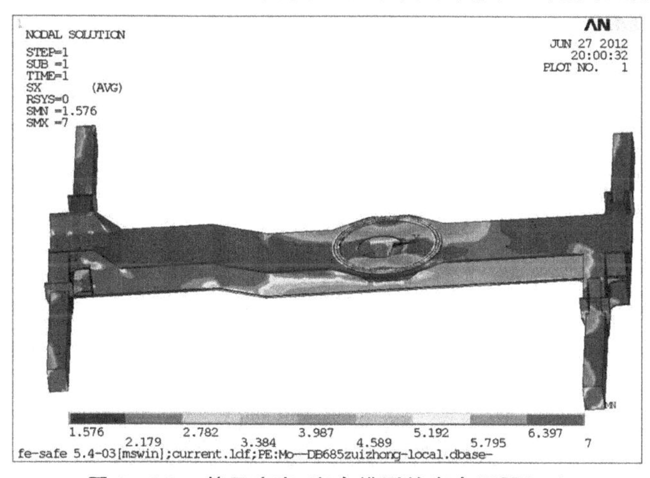

图 4-16　基于应变-寿命模型的寿命云图(二)

从图 4-17 中可知，基于应力-寿命预估模型的底架钢结构件低寿命区域和应变-寿命预估模型结果基本吻合。其结果表明，底架完成 4 375 次工作循环时，底架钢结构件的龟台右侧幅板下部产生肉眼可见细小裂纹，约完成 67 462 个工作循环时，龟台右侧幅板进入大面积疲劳破坏阶段，此结构不应继续使用。

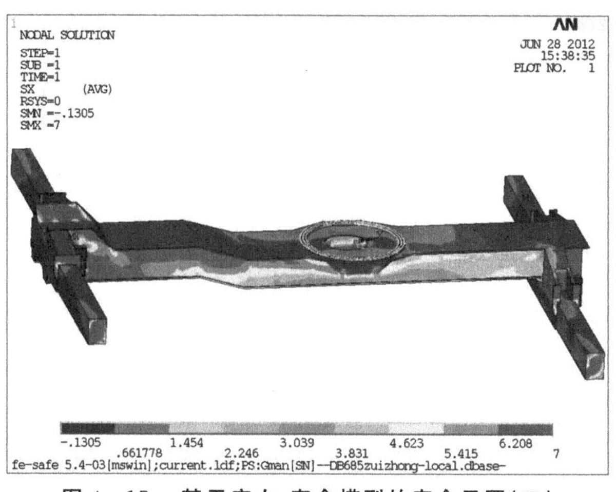

图 4-17　基于应力-寿命模型的寿命云图(二)

由以上分析结果可知，由于载荷变化剧烈等原因，疲劳裂纹的萌生和形成寿命很短。目前被业界广泛认同的疲劳寿命预测模型是临界平面法，该方法基于断裂模型及裂纹萌生机理，认为材料失效发生在某给定损伤参数达到最大的平面，即疲劳损伤本质上是有方向的，疲劳损伤的累积、寿命预测都在该平面上进行，具有明确的物理意义。因此，对其采用临界平面法进行寿命预估很有必要。

按照前面介绍的临界平面寿命模型计算得到的对数寿命云图如图 4-18 所示。疲劳寿命短的区域即为疲劳危险区域。从图 4-18 中可观测到疲劳裂纹最早发生在 A 处，而大面积疲劳破坏发生在 A 处和 C 处中间的幅板上。

计算结果最小值为 $2\times10^{2.095}$，即当完成 249 个工作循环时，在 A 处疲劳裂纹开始萌生；当结果为 $2\times10^{3.73}$ 时，疲劳区域由点发展成为面，即在完成 10 741 个工作循环时，疲劳裂纹有小范围扩展，这时萌生的不可见裂纹开始衍变为肉眼可见的细小裂纹；当结果为 $2\times10^{4.275}\sim2\times10^{4.82}$ 时，疲劳区域开始迅速扩大，并使某些疲劳区域串联在一起，即可认为当底架完成 $2\times10^{(4.275+4.82)/2}=70\ 555$ 个工作循环时，底架结构进入疲劳裂纹的稳定扩展阶段，如果继续使用该结构，则存在一定安全隐患。

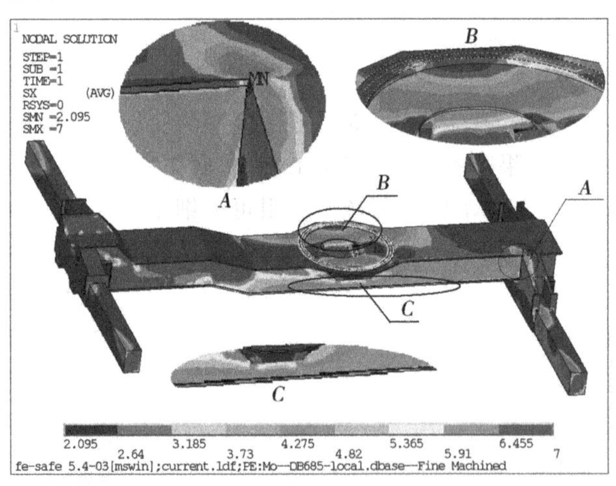

图 4-18　底架疲劳寿命云图

4.6　本章小结

(1) 利用有限元分析某起重装备起重臂在三种最危险工况下的应力和变形情况，计算得出，起重臂在三种工况下均满足强度及刚度要求。比较三种工况下的挠度及应力极值发现：起重臂变幅平面内挠度最大值为 93.95 mm，发生在工况三；回转平面内挠度最大值为 25.92 mm，发生在工况二；起重臂结构最大 von Mise 等效应力为 487 MPa，低于材料屈服极限，发生在工况三。此外，基于分析计算得出的应力-应变分布，可以通过改变截面形状、薄板厚度、前后滑块间距等方法来优化起重臂结构，为后续工作提供非常有价值的参考。

(2) 本章建立了起重装备各钢构件的应力-寿命、应变-寿命以及底架结构的 Brown-Miller 寿命预估模型。结合各寿命预估模型，分析得到了起重装备各钢构件的疲劳寿命。寿命预估结果表明：起重臂完成 30 978 次工作循环时，出现小裂纹，在起重臂完成 392 699 个工作循环后，不应继续使用；底架完成 4 375 次工作循环时，底架钢结构产生细小裂纹，约完成 67 462 个工作循环后，不应继续使用。该疲劳寿命预估结果表明，底架为低寿命构件，可作为起重装备结构件的重点改进对象。该型起重装备应对结果中的低寿命区进行重点检修。

第5章　武器起重装备的可靠性分析与设计

5.1　概　　述

第4章对起重装备的使用寿命进行了预估，但对使用到规定设计寿命时，起重装备的转载可靠度是多少没有进行回答。本章从Miner累积损伤的定义出发，视累积损伤为随机过程、临界损伤为随机变量，基于疲劳动态可靠性理论，提出在预期寿命下起重装备钢结构件疲劳可靠性的评估方法，并对其进行概率分析。

在获知预期寿命可靠性的基础上，引入形质灵敏度设计，优化零件参数，在不改变结构质量的同时减小最大变形，进而间接减小最大应力，提高产品可靠度，避免了以往通过增加结构参数的尺寸来减小最大应力，即通过增加产品的质量来换取可靠性提高的弊端。

5.2　起重装备可靠性分析

5.2.1　可靠度的基本表达式

传统上，根据载荷-强度干涉分析推导零件可靠度计算公式的原理如图5-1所示。

首先，不失一般性，假设应力是定义在$(-\infty, +\infty)$上的随机变量。为了构建应力-强度干涉模型，对连续分布的随机应力的定义域（概率空间）进行划分，即把应力的定义域划分为n个小区间$\Delta s_1, \Delta s_2, \cdots, \Delta s_n$，并用各小区间的中值代替各区间内的应力水平。显然，应力S处于宽度为Δs_i的第i个小区间内（用随机事件B_i表示）的概率近似为

$$P(B_i)=P\left(S_i-\frac{\Delta S}{2}\leqslant S\leqslant S_0+\frac{\Delta S}{2}\right)=h(S_i)\Delta S_i \tag{5-1}$$

而强度大于该应力水平的概率，即应力取值为 S_i 时零件不发生失效的概率（零件不失效的概率用随机事件 A 表示）为

$$P(A\mid B_i)=P(S\geqslant s_i)=\int_{s_i}^{+\infty}f(S_i)\mathrm{d}S \tag{5-2}$$

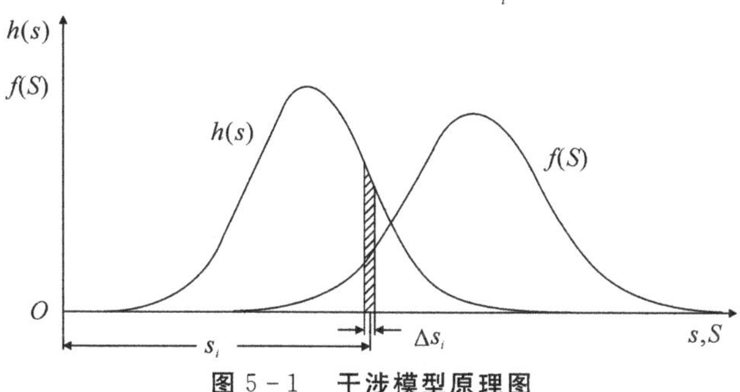

图5-1　干涉模型原理图

根据全概率公式 $P(A)=\sum P(B_i)P(A\mid B_i)$，当应力为$(-\infty,+\infty)$上的随机变量时，零件可靠度（不失效的概率）表达式为

$$R=\sum_i h(s_i)\Delta s_i\int_{s_i}^{+\infty}f(S)\mathrm{d}S \tag{5-3}$$

对式(5-3)取极限，即可得出根据强度分布和应力分布计算零件可靠度的一般表达式：

$$R=\lim_{\Delta s_i\to 0}\sum_i h(s_i)\Delta s_i\int_{s_i}^{+\infty}f(S)\mathrm{d}S=\int_{-\infty}^{+\infty}\left[\int_{S}^{+\infty}f(S)\mathrm{d}s\right]h(s)\mathrm{d}s \tag{5-4}$$

同理可得

$$R=\int_{-\infty}^{+\infty}\left[\int_{-\infty}^{s}h(s)\mathrm{d}s\right]f(S)\mathrm{d}S \tag{5-5}$$

根据随机变量的概率密度函数与累积分布函数之间的关系，可靠性干涉模型还可写成以下两种等效形式：

$$R=1-\int_{-\infty}^{+\infty}F(S)h(s)\mathrm{d}s \tag{5-6}$$

$$R=\int_{-\infty}^{+\infty}H(S)f(S)\mathrm{d}s \tag{5-7}$$

式中：

$$H(S)=\int_{-\infty}^{s}h(s)\mathrm{d}s \tag{5-8}$$

$$F(S)=\int_{-\infty}^{s}f(S)\mathrm{d}s \tag{5-9}$$

在形式上分别等同于应力累积分布函数和强度累积分布函数。需要明确的是，在概念上，它们是某种条件概率，因为在 $H(S)$ 和 $F(S)$ 的表达式中，积分变量与积分上限是不同的物理量。

定义一个给定应力条件 S 下的可靠度 $R(s)$ 为

$$R(s) = \int_{s}^{+\infty} f(S)\mathrm{d}s \tag{5-10}$$

由于应力 S 是定义在 $(-\infty, +\infty)$ 上的随机变量，$R(s)$ 是随机变量的函数。根据求随机变量函数的期望值的数学公式，也可以直接写出可靠度计算公式为

$$R = \int_{-\infty}^{+\infty} h(s)R(s)\mathrm{d}s = \int_{-\infty}^{+\infty} h(s)\left[\int_{s}^{+\infty} f(S)\mathrm{d}s\right]\mathrm{d}s \tag{5-11}$$

5.2.2 起重装备应力-强度分布模型

威布尔分布在可靠性分析计算中，是除正态分布外经常用于表达强度和寿命的一种分布形式，是瑞典的科学家威布尔（W. Weibull）于 1951 年在研究链强度时提出的一种概率分布函数。威布尔分布是可靠性分析及寿命检验的理论基础，它在可靠性工程中被广泛应用，由于可以利用概率值很容易地推断出它的分布参数，故它被广泛应用于各种寿命试验的数据处理。应力呈正态分布，强度呈威布尔分布的可靠性模型推导如下：

应力和强度的概率密度函数分别为

$$h(S) = \frac{1}{\sqrt{2\pi}\sigma_S}\exp\left[-\frac{1}{2}\left(\frac{S-u_S}{\sigma_S}\right)^2\right], \quad -\infty < S < \infty \tag{5-12}$$

$$f(\delta) = \frac{m_\delta}{\eta_\delta^{m_\delta}}(\delta-\delta_0)^{m_\delta-1}\exp\left[-\left(\frac{\delta-\delta_0}{\eta_\delta}\right)^{m_\delta}\right], \quad \delta_0 \leqslant \delta < \infty \tag{5-13}$$

当强度取值为 S 时，它的累积概率密度为

$$F_\delta(S) = 1-\exp\left[-\left(\frac{S-\delta_0}{\eta_\delta}\right)^{m_\delta}\right] \tag{5-14}$$

均值和方差为

$$u_\delta = \delta_0 + \eta_\delta\Gamma\left(1+\frac{1}{m_\delta}\right) \tag{5-15}$$

$$\sigma_\delta^2 = \eta_\delta^2\left[\Gamma\left(1+\frac{2}{m_\delta}\right)-\Gamma\left(1+\frac{1}{m_\delta}\right)\right] \tag{5-16}$$

将 $F_\delta(S)$ 和 $h(S)$ 代入得

$$F = P(\delta \leqslant S) = \int_{\delta_0}^{\infty}\frac{1}{\sqrt{2\pi}\sigma_S}\exp\left[-\frac{1}{2}\left(\frac{S-u_S}{\sigma_S}\right)^2\right]\mathrm{d}S - \frac{1}{\sqrt{2\pi}\sigma_S}\int_{\delta_0}^{\infty}\exp\left\{-\left[\frac{(S-u_S)^2}{2\sigma_S^2}-\left(\frac{S-\delta_0}{\eta_\delta}\right)^{m_\delta}\right]\right\}\mathrm{d}S \tag{5-17}$$

对式(5-17)中的第一项考虑变换，令 $z=(S-u_S)/\sigma_S$，则该项积分是标准正态分布下的面积，积分的上、下限为 $(\delta_0-u_S)/\sigma_S$ 和 ∞，记为 $1-\Phi[(\delta_0-u_S)/\sigma_S]$。

对式(5-17)中的第二项积分式，令 $y=(S-\delta_0)/\eta_\delta$，则 $\mathrm{d}y=\mathrm{d}S/\eta_\delta$，$S=y\eta_\delta+\delta_0$，从而有

$$\frac{1}{2}\left(\frac{S-u_S}{\sigma_S}\right)^2=\frac{(y\eta_\delta+\delta_0-u_S)^2}{2\sigma_S^2}=\frac{1}{2}\left[\left(\frac{\eta_\delta}{\sigma_S}\right)y+\frac{\delta_0-u_S}{\sigma_S}\right]^2 \quad (5-18)$$

考虑到 S 的下限为 δ_0 时，y 的下限为 0，从而第二项积分式为

$$\frac{1}{\sqrt{2\pi}}\left(\frac{\eta_\delta}{\sigma_S}\right)\int_0^\infty \exp\left[-\frac{1}{2}\left(\frac{\eta_\delta}{\sigma_S}y+\frac{\delta_0-u_S}{\sigma_S}\right)^2-y^{m_\delta}\right]\mathrm{d}y \quad (5-19)$$

式(5-19)中令 $C=\eta_\delta/\sigma_S$，$A=(\delta_0-u_S)/\sigma_S$，则失效率为

$$F=1-\Phi(A)-\frac{C}{\sqrt{2\pi}}\int_0^\infty \exp\left[-\frac{1}{2}(Cy+A)^2-y^{m_\delta}\right]\mathrm{d}y \quad (5-20)$$

此时，零件的可靠度表达式为

$$R=\Phi(A)+\frac{C}{\sqrt{2\pi}}\int_0^\infty \exp\left[-\frac{1}{2}(Cy+A)^2-y^{m_\delta}\right]\mathrm{d}y \quad (5-21)$$

5.2.3　Fe-safe 中改进的威布尔数学模型

对于起重机工作时作用在钢结构上的应力分布，大多学者提出或验证了可用正态分布方式来考虑。而对于强度分布，本书假定其服从威布尔分布，其原因是威布尔分布理论存在最小安全寿命(100% 可靠度的安全寿命)的概念，这能够弥补正态分布理论的不足之处。

按照正态分布理论，只有当对数安全寿命 $x_p=\lg N_p$ 趋于负无穷时，即 $N_p=0$ 时，可靠度才等于100%，显然这是不符合实际情况的，这就是正态分布理论的不足之处。为了弥补这一不足，可增加一待定参数 N_0，将 $x_p=\lg N_p$ 转换成 $x_p=\lg(N_p-N_0)_p$，此处 N_0 为100% 可靠度的最小安全寿命。即使如此，有时还会给出 $N_0\to 0$ 的结果。而采用威布尔分布理论，在极高可靠度范围内所给出的安全寿命或最小安全寿命仍然比较符合实际情况。如上所述，正态分布理论适用于中、短寿命区的情况。而威布尔分布理论不限于这个范围内，对于疲劳寿命大于10^6循环的长寿命区，结构的强度为威布尔分布，能给出在长寿命区的安全寿命。

本章在应力-强度干涉模型的基础上，针对给定的设计寿命，基于疲劳分析软件 Fe-safe 对起重装备钢结构件进行可靠度计算。

在 Fe-safe 中，威布尔分布应用于材料强度，是由以下 3 个基本参数决定的：

(1) 威布尔均值。这一数值位于实际寿命曲线上，大于给定的设计寿命，它是基于材料本身的性能数据以及特定的设计寿命计算得到的，威布尔分布以这

一数值为中心，本书取威布尔均值 $\delta_0 = 0$。

(2) 威布尔斜坡值(bf)。这是一个不同于概率密度的几何形状参数，bf 的数值是在材料数据库中定义的，图 5-2 清楚显示了 bf 数值的大小对威布尔分布曲线形状的影响，bf 的数值越大则威布尔分布曲线的最大概率值也就越大，威布尔分布曲线两侧也更对称。本书取威布尔斜坡值 bf = 3。

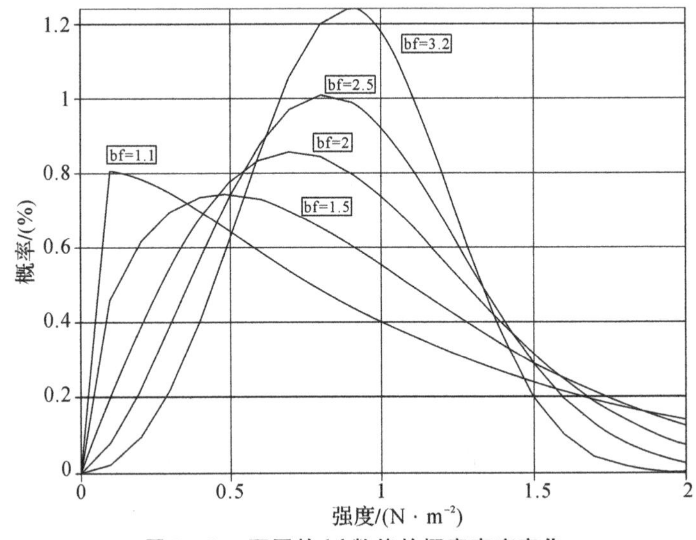

图 5-2 不同的 bf 数值的概率密度变化

(3) 威布尔最小参数(Qmuf)。威布尔最小参数值决定了威布尔分布曲线的宽度。当威布尔分布的边缘逐渐趋向于 0 的时候，Qmuf 趋向于 0；当威布尔分布变得狭窄时，Qmuf 趋向于 1。为了方便起见，最小参数被描述为疲劳强度比率。Qmuf 的数值同样在材料数据库中定义。图 5-3 清楚显示了不同 Qmuf 值对失效概率的影响(设计寿命分别为 1×10^6、1×10^7、1×10^8)。本书取 Qmuf = 0.25。

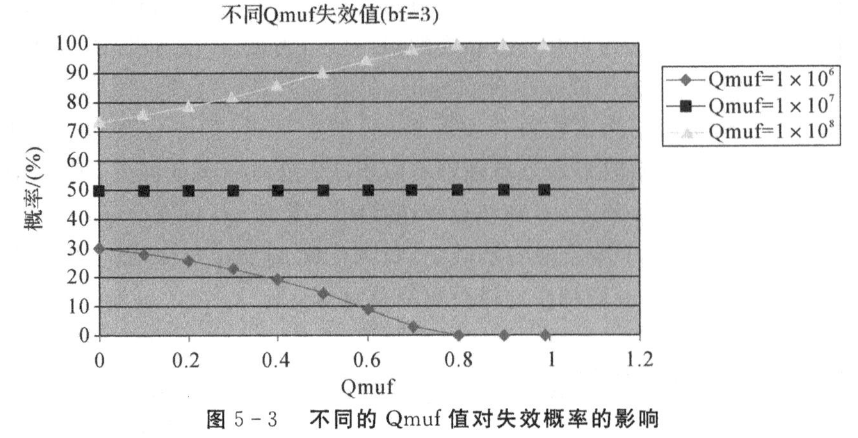

图 5-3 不同的 Qmuf 值对失效概率的影响

Fe-safe根据应力-强度干涉理论(应力分布为正态分布、强度分布为威布尔分布),针对某一给定的设计寿命来计算零构件的失效概率,这也与先前本书对钢结构件的假定相符。

5.2.4　基于统计载荷下起重装备的可靠性分析

按照前面在起重装备钢结构寿命预估所介绍的方法,将ANSYS有限元应力应变结果和ADAMS虚拟样机分析结果结合起来,并按照以上的起重装备应力-强度干涉模型应力分布为正态分布,强度分布为威布尔分布,本书根据给定的设计寿命期望值为63 000次循环,同样基于起重装备的统计载荷谱,可计算得到其预期寿命下的可靠度。

(1) 起重臂的可靠性分析结果。起重臂主要受到载荷的拉力和钢丝绳的拉力。使用以上可靠性分析步骤,可得起重臂在基于统计载荷下的可靠性预估结果如下。

从图5-4中可以看出,起重臂大部分区域的可靠性大于92.902%,而在起重臂二级臂背部区域最早出现大面积的低可靠度区域。由结果可知,当起重装备完成63 000次工作循环时,起重臂二级臂背部的可靠度为85.804%～92.902%的区域较大。由于起重臂的安全性关乎转运物资以及车体周围人员的安全,因此起重臂的可靠度可定性地认为是85.804%。

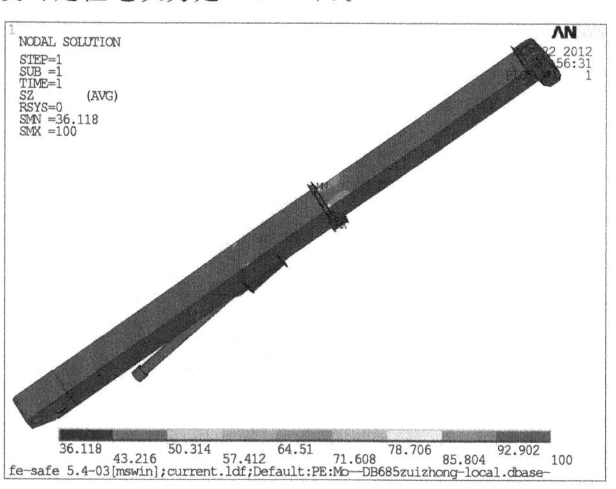

图5-4　起重臂结构基于统计载荷的可靠性云图

该起重装备起重臂结构在63 000次循环的设计寿命下整体可靠度水平较高,但是起重臂二级臂的背部区域则需要在达到设计寿命以前定期执行检查,并根据需要采取相应措施来提高结构疲劳寿命,否则该处有可能发生疲劳失效。

(2) 底架结构的可靠性分析结果。底架钢结构主要受到转台等传递的力及力矩，其在预期寿命下的可靠性结果如图 5-5 所示。

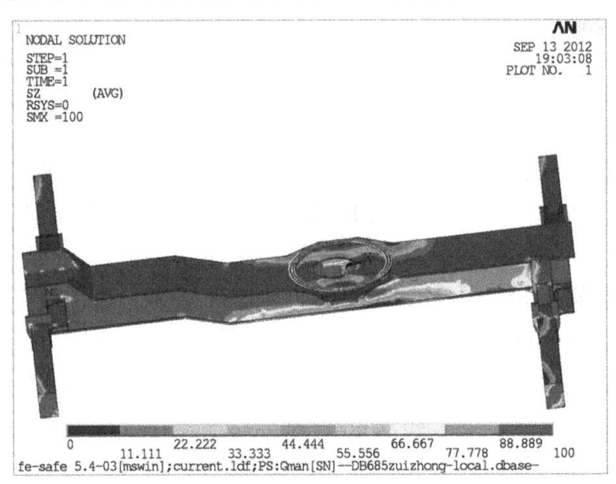

图 5-5　底架结构基于统计载荷的可靠性云图

从图 5-5 的结果不难发现，针对 63 000 次循环的设计寿命，起重装备底架钢结构疲劳可靠度(失效率) 的分布形状与其疲劳寿命的分布形状大致相同，且绝大部分区域的可靠度大于 88.889%，而底架龟台下幅板以及龟台上幅板仍然是危险区域。从图中可以看出，当可靠性为 66.667% ～ 77.778% 时，底架结构的龟台幅板有大面积危险区域开始交合在一起，并且底架龟台下幅板已有大面积为可靠性危险区域。从而，可以认为底架钢结构在预期寿命下的可靠度为 72.22%。

5.3　钢结构件灵敏度分析

5.3.1　变量定义及有限元模型参数化

控制结构的变量分为形状变量和厚度变量，统称为结构参数。在此仅讨论厚度变量对结构性能的影响，即基于厚度变量灵敏度的性能优化。

(1) 起重臂。图 5-6 所示为起重臂的结构，在方案设计阶段，起重臂的外观尺寸 L、W、H 是根据起重装备性能和内部零件尺寸要求所确定的参数。图5-7 所示为起重臂截面图，其厚度变量为 C_1 ～ C_4。

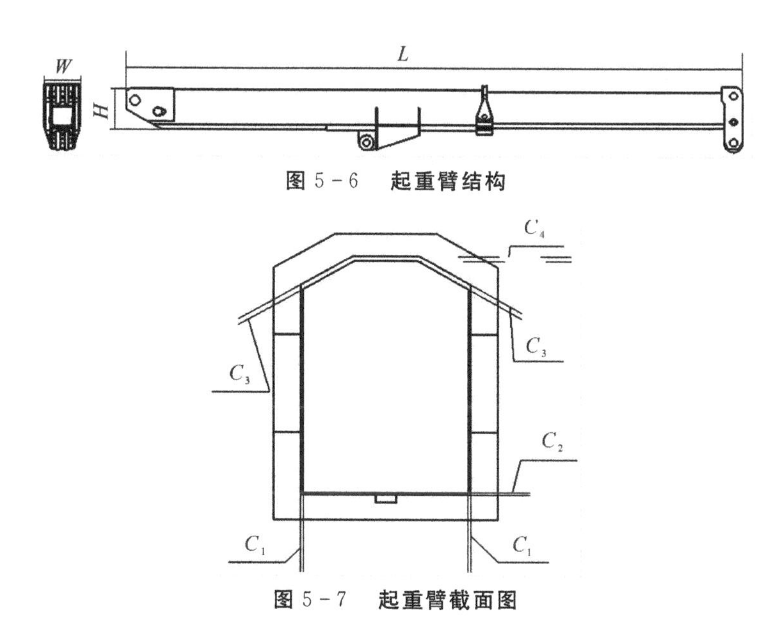

图 5-6　起重臂结构

图 5-7　起重臂截面图

(2) 底架。图 5-8 和图 5-9 所示为底架的截面图，其厚度变量为 $C_1 \sim C_4$。

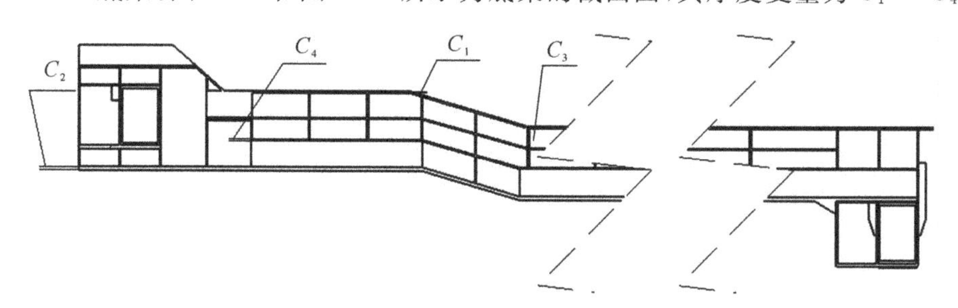

图 5-8　底架截面图(一)

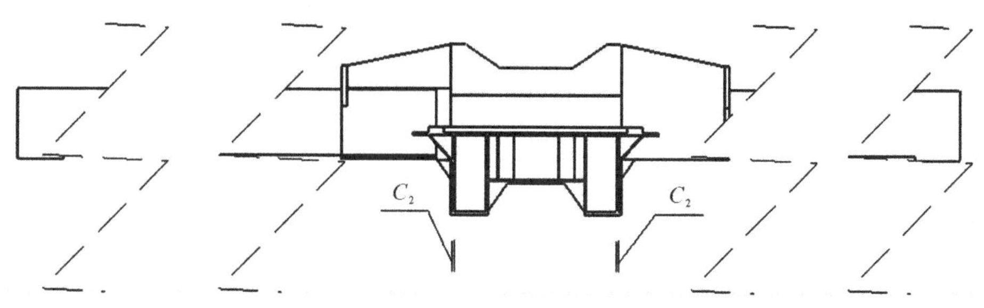

图 5-9　底架截面图(二)

要对结构进行性能优化，将有限元模型参数化是首要前提，因为只有带参数的结构模型才能通过参数提取，分析参数变化对目标的影响。

5.3.2 变量对结构性能的灵敏度分析

结构参数变化对质量、变形、应力和频率等性能参数皆有影响，但不同部位的形状和尺寸参数对结构性能的影响程度不同。本小节通过单变量改变结构参数的大小，总结并归纳其对结构整体性能的重要程度，为书写方便将参数用 $x_1 \sim x_i$ 表示。

最大变形 U 为结构参数的函数，$U = u(x_1, x_2, \cdots, x_n)$，任意一组变量增量 $\mathrm{d}x_1, \mathrm{d}x_2, \cdots, \mathrm{d}x_n$ 引起的最大变形改变量 $\mathrm{d}U$ 可以表达为

$$\mathrm{d}U = \frac{\partial u}{\partial x_1}\mathrm{d}x_1 + \frac{\partial u}{\partial x_2}\mathrm{d}x_2 + \cdots + \frac{\partial u}{\partial x_n}\mathrm{d}x_n = \sum_{i=1}^{n}\left(\frac{\partial u}{\partial x_i}\mathrm{d}x_i\right) \tag{5-22}$$

式中：$\frac{\partial u}{\partial x_i}$ 为对变量 x_i 求偏导数，称为变量 x_i 对函数 U 的灵敏度，记为 $\hbar_i$。如果要分析某一变量（如 x_k 对函数 U 的影响），应将其余的变量固定，因此式(5-22)中除了 $\mathrm{d}x_k$ 外，其他变量的增量均为 0。

式(5-22)变为

$$\mathrm{d}U = \frac{\partial u}{\partial x_k}\mathrm{d}x_k$$

得到 x_k 的灵敏度：

$$\hbar_k = \frac{\partial u}{\partial x_k} = \frac{\mathrm{d}U}{\mathrm{d}x_k} \tag{5-23}$$

当 $\mathrm{d}x_k = 1$ 时，$\frac{\partial u}{\partial x_k} = \mathrm{d}U$。从式(5-23)可以得到灵敏度表达的意义：变量对函数的灵敏度（即变量的单位改变量）对函数值产生的影响。

有限元分析为我们提供了求解灵敏度的工具，比如要求解变量 x_k 对结构变形的灵敏度，先计算出变量为 x_k 时的变形量 u_1，再计算出 x_k 增加一个单位($\mathrm{d}x_k = 1$)时的变形量 u_2，则

$$\mathrm{d}U = u_2 - u_1$$

$$\mathrm{d}x_k = 1$$

$$\frac{\partial u}{\partial x_k} = \frac{\mathrm{d}U}{\mathrm{d}x_k} = u_2 - u_1$$

u_1、u_2 可以通过两次有限元计算得到，灵敏度为正，表明函数随该变量的增大而增大，灵敏度为负，表明函数随该变量的增大而减小。

表 5-1 和表 5-2 的数据反映了变量对优化目标的影响程度，通过灵敏度分

析，得到以下结论。

表 5-1　起重臂各变量灵敏度表

		最大变形 u/mm	变形灵敏度 $\hbar$	最大应力 σ/MPa	应力灵敏度	质量 /kg	质量灵敏度 $\bar{\lambda}$
原参数结果		86.727	0	581	0	1 724.62	0
变量增加	x_1+1	83.501	−3.226	563	−18	1 849.41	124.79
	x_2+1	83.324	−3.403	566	−15	1 772.50	47.88
	x_3+1	85.057	−1.670	562	−19	1 758.48	33.86
	x_4+1	85.628	−1.099	560	−21	1 743.55	18.93

表 5-2　底架各变量灵敏度表

		最大变形 u/mm	变形灵敏度 $\hbar$	最大应力 σ/MPa	应力灵敏度	质量 /kg	质量灵敏度 $\bar{\lambda}$
原参数结果		25.351	0	541	0	3 783.10	0
变量增加	x_1+1	24.872	−0.479	516	−25	3 850.40	67.30
	x_2+1	24.909	−0.442	536	−5	3 844.89	61.79
	x_3+1	25.160	−0.191	541	0	3 814.12	31.02
	x_4+1	25.116	−0.235	516	−25	3 826.11	43.01

(1) 起重臂。

1) 变量对变形的影响。变量对变形的影响程度从大到小依次是：$x_2+1(-)$，$x_1+1(-)$，$x_3+1(-)$，$x_4+1(-)$。各变量后面的“−”表示增大该变量变形减小。

2) 变量对应力的影响。变量对结构应力的影响程度从大到小依次是：$x_4+1(-)$，$x_3+1(-)$，$x_1+1(-)$，$x_2+1(-)$。各变量后面的“−”表示增大该变量应力减小。

3) 变量对质量的影响。变量对质量的影响程度从大到小依次是：$x_1+1(+)$，$x_2+1(+)$，$x_3+1(+)$，$x_4+1(+)$。各变量后面的“+”表示增大该变量质量增加。

(2) 底架。

1) 变量对变形的影响。变量对变形的影响程度从大到小依次是：$x_1+1(-)$，$x_2+1(-)$，$x_4+1(-)$，$x_3+1(-)$。各变量后面的“−”表示增大该变量变形减小。

2) 变量对应力的影响。变量对应力的影响程度从大到小依次是：$x_4+1(-)$，$x_1+1(-)$，$x_2+1(-)$，$x_3+1(-)$。各变量后面的“−”表示增大该变量应力减小。

3) 变量对质量的影响。变量对质量的影响程度从大到小依次是：$x_1+1(+)$，$x_2+1(+)$，$x_4+1(+)$，$x_3+1(+)$。各变量后面的“+”表示增大该变量质量增加。

结构优化的目的是减小变形(提高静刚度),减小结构质量,结构优化过程就要使各目标合理地达到平衡。从控制变形提高结构静刚度方面考虑,应采取的措施是增加 x_1,x_2,x_3,x_4,变量的增减幅度与该变量对变形的灵敏度有关,灵敏度大的改变幅度大些。假设采用线性增减规律:

$$\hbar_j \mathrm{d}x_i = \hbar_i \mathrm{d}x_j$$

通过变换式(5-22)可得

$$\mathrm{d}U = \hbar_1 \mathrm{d}x_1 + \hbar_2 \mathrm{d}x_2 + \cdots + \hbar_4 \mathrm{d}x_4 =$$

$$\hbar_1 \mathrm{d}x_1 + \frac{\hbar_2^2}{\hbar_1}\mathrm{d}x_1 + \cdots + \frac{\hbar_4^2}{\hbar_1}\mathrm{d}x_1 = \sum_{i=1}^{4}\frac{\hbar_i^2}{\hbar_1}\mathrm{d}x_1 \tag{5-24}$$

得

$$\mathrm{d}x_1 = d\mathrm{U}\Big/\sum_{\mathrm{i}=1}^{4}\frac{\hbar_{\mathrm{i}}^2}{\hbar_1}$$

$$d\mathrm{x_i} = \frac{\hbar_{\mathrm{i}}}{\hbar_1}d\mathrm{x}_1$$

因此,若已知变形控制量 dU,通过式(5-24)可得到变量的允许改变量,对质量的控制可采用同样的方法进行分析。

5.3.3 单位质量的灵敏度分析

仅分析变量对目标的灵敏度似乎不能准确定义参数对目标函数的影响程度,因为某个变量对变形的灵敏度可能较大,但如果对质量的灵敏度同样很大,则该变量对控制变形不一定是关键变量,因为它本质上是通过增加结构质量来达到控制变形的目的。基于这方面的考虑,定义变量 $\mathrm{x_i}$ 的形质灵敏度ℓ_{i} 为变形灵敏度 $\hbar_{\mathrm{i}}$ 和质量灵敏度 $ƛ_{\mathrm{i}}$ 的比值,即

$$\ell_{\mathrm{i}} = \frac{\hbar_{\mathrm{i}}}{ƛ_{\mathrm{i}}} \tag{5-25}$$

变量 $\mathrm{x_i}$ 的形质灵敏度的意义是:$\mathrm{x_i}$ 代表部分结构单位质量的改变对变形产生的影响,因此形质灵敏度反映了单位质量的材料增减对变形的影响程度,比变形灵敏度指标更能揭示变量对变形的影响。为减小结构变形,假设变量按形质灵敏度的大小采用线性增减规律:

$$\ell_{\mathrm{j}} d\mathrm{x_i} = \ell_{\mathrm{i}} d\mathrm{x_j}$$

(1) 起重臂。经变换式(5-22)可改写为

$$d\mathrm{U} = d\mathrm{x}_1 \sum_{\mathrm{i}=1}^{4}\frac{\hbar_{\mathrm{i}}\,\ell_{\mathrm{i}}}{\ell_1} \tag{5-26}$$

得到

$$dx_1 = dU \Big/ \sum_{i=1}^{4} \frac{\hbar_i \ell_i}{\ell_1}$$

$$dx_i = \frac{\ell_i}{\ell_1} dx_1$$

因此基于形质灵敏度又定义了一组变量增量 dx_1, dx_2, dx_3, dx_4。表 5-3 的分析数据表明，同样使结构变形减小 25%，采用形质灵敏度定义的变量增量使结构质量由 2 751.45 kg 增加到 3 181.48 kg，增加了 15.63%，采用变形灵敏度定义的变量增量使结构质量增加到 3 285 kg，增加了 19.39%，因此形质灵敏度用于结构性能优化更有效率。基于形质灵敏度和变形灵敏度，当变形减小 25% 时各变量的变化趋势分析图如图 5-10 所示。

表 5-3　起重臂采用两种灵敏度指标控制变形一览表

项 目		原始结构	变形减小 25%	
			基于形质灵敏度优化结果	基于变形灵敏度优化结果
总质量 /kg		2 751.45	3 181.48	3 285.00
优化部分质量 /kg		1 724.62	2 154.65	2 258.17
变形 u/mm		86.727	68.536	68.720
参数	x_1/mm	8	9.19	10.69
	x_2/mm	6	9.27	8.84
	x_3/mm	8	10.27	9.39
	x_4/mm	8	10.67	8.92

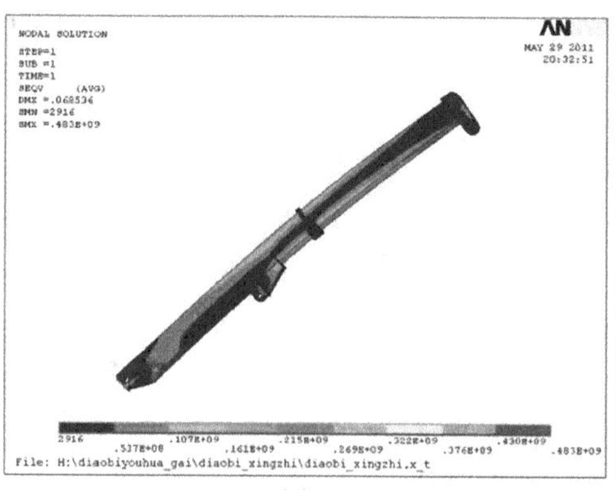

(a)

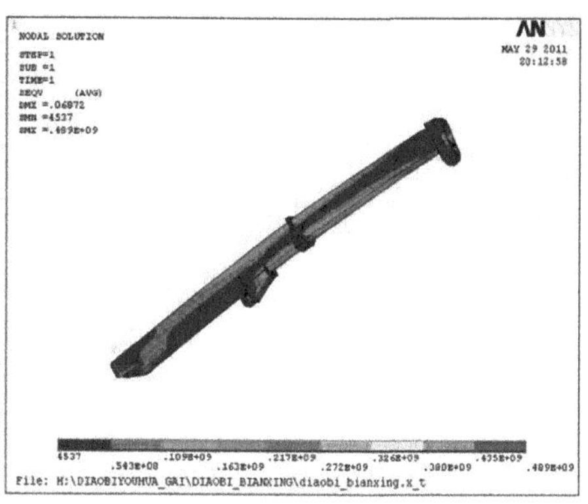

(b)

图 5-10　两种灵敏度指标下起重臂变量的变化趋势

(a) 基于形质灵敏度优化结果；(b) 基于变形灵敏度优化结果

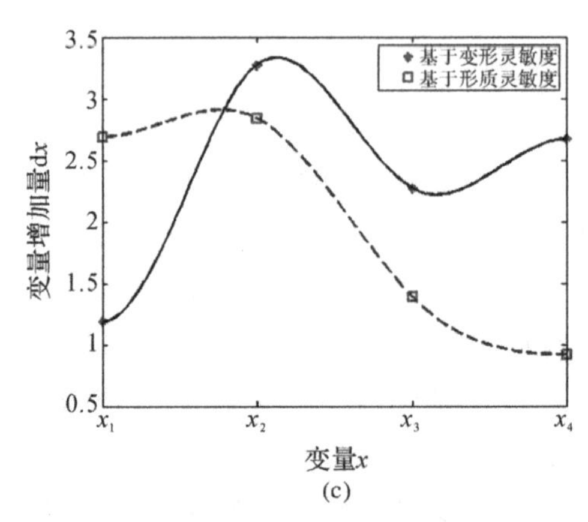

(c)

续图 5-10　两种灵敏度指标下起重臂变量的变化趋势

(c) 起重吊臂变形减少 25% 时变量的改变量

(2) 底架。经变换,式(5-22)可改写为

$$dU = dx_1 \sum_{i=1}^{4} \frac{\hbar_i \ell_i}{\ell_1} \tag{5-27}$$

得到

$$dx_1 = dU \Big/ \sum_{i=1}^{4} \frac{\hbar_i \ell_i}{\ell_1}$$

$$dx_i = \frac{\ell_i}{\ell_1} dx_1$$

因此基于形质灵敏度又定义了一组变量增量 dx_1, dx_2, dx_3, dx_4。表 5-4 的分析数据表明,同样使结构变形减小 25%,采用形质灵敏度定义的变量增量使结构质量由 7 111.04 kg 增加到 8 058.63 kg,增加了 13.33%,采用变形灵敏度定义的变量增量使结构质量增加到 8 040.36 kg,增加了 13.07%。可以看出在变形减小 25% 的情况下,基于形质灵敏度和变形灵敏度增加的质量几乎一致(见图5-11和图5-12),且经过起重臂的验证说明该方法是切实可行的,因此,初步判断该底架结构尺寸较为合理,基本没有优化的空间。基于形质灵敏度和变形灵敏度,当变形减小 25% 时各变量的变化趋势分析图如图 5-13 所示。

表 5-4　底架采用两种灵敏度指标控制变形综合一览表

项 目	原始结构	变形减小 25%	
		基于形质灵敏度优化结果	基于变形灵敏度优化结果
总质量 /kg	7 111.04	8 058.63	8 040.36
优化部分质量 /kg	3 783.10	4 730.69	4 712.42
变形 u/mm	25.351	20.452	20.504

续 表

项 目		原始结构	变形减小 25%	
			基于形质灵敏度优化结果	基于变形灵敏度优化结果
参数	x_1/mm	12	16.99	17.88
	x_2/mm	12	17.02	17.42
	x_3/mm	25	29.32	27.34
	x_4/mm	10	13.83	12.88

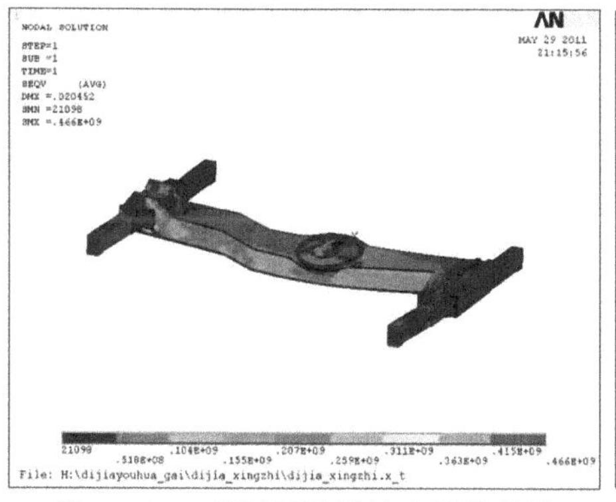

图 5-11　基于形质灵敏度优化结果

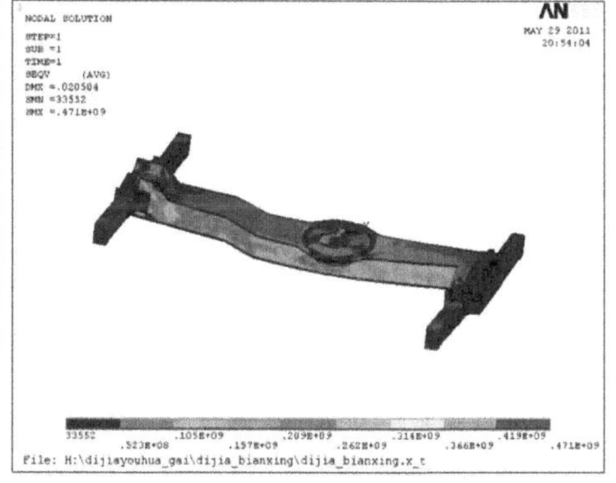

图 5-12　基于变形灵敏度优化结果

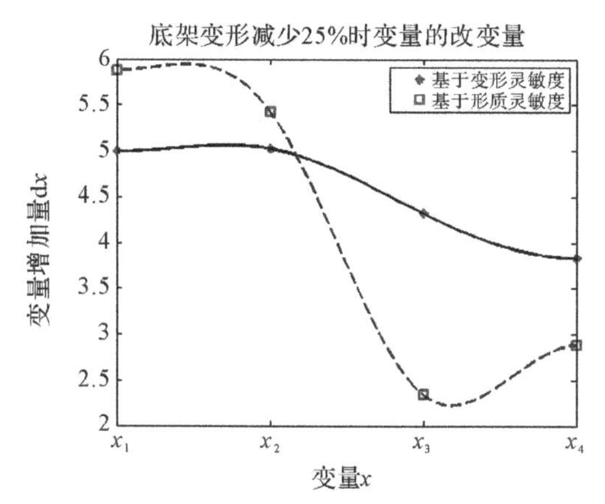

图 5-13　两种灵敏度指标下底架变量的变化趋势

5.4　基于变量形质灵敏度的结构可靠性优化设计

5.4.1　结构可靠性优化设计方法

结构优化大多以控制变形为主，过程表现为在不增加结构质量的前提下，使变形极小化。变量的形质灵敏度在减小质量和减小变形方面具有更高的效率，对于一组初始变量 $x_1, x_2, \cdots, x_n$，变形和质量的函数为

$$U = u(x_1, x_2, \cdots, x_n)$$

$$m = g(x_1, x_2, \cdots, x_n)$$

结构变量的形质灵敏度、变形灵敏度和质量灵敏度分别为 ℓ_i、$\hbar_i$、$\bar{\lambda}_i$，质量的增量为

$$\mathrm{d}m = \sum_{i=1}^{n} \bar{\lambda}_i \mathrm{d}x_i \tag{5-28}$$

第一步，先使质量增加 dm。为限制变形的增加，变量按形质灵敏度的大小采用线性增减规律：

$$\ell_j \mathrm{d}x_i = \ell_i \mathrm{d}x_j$$

式(5－28)可改写为

$$\mathrm{d}m = \mathrm{d}x_1 \sum_{i=1}^{n} \frac{\bar{\lambda}_i \ell_i}{\ell_1}$$

得到变量增量：

$$\mathrm{d}x_1 = \mathrm{d}m \Big/ \sum_{i=1}^{n} \frac{\bar{\lambda}_i \ell_i}{\ell_1}$$

$$\mathrm{d}x_i = \frac{\ell_i}{\ell_1} \mathrm{d}x_1$$

将这一步得到的增量组记为 $d^a x_i$：

$$d^a x_i = \frac{\ell_i}{\ell_1} d^a x_1 = \frac{\mathrm{d}m}{\sum\limits_{k=1}^{n} \frac{\bar{\lambda}_k \ell_k}{\ell_i}} \tag{5-29}$$

变形增量为

$$d^a U = \sum_{i=1}^{n} \hbar_i d^a x_i = \mathrm{d}m \sum_{i=1}^{n} \frac{\hbar_i}{\sum\limits_{k=1}^{n} \frac{\bar{\lambda}_k \ell_k}{\ell_i}} \tag{5-30}$$

第二步，使质量减小 dm，恢复到原始水平。为限制变形的增加，变量按形质

灵敏度的大小采用线性反比增减规律：

$$\ell_i \mathrm{d}x_i = \ell_j \mathrm{d}x_j$$

式(5-28)可改写为

$$-\mathrm{d}m = \mathrm{d}x_1 \sum_{i=1}^{n} \frac{\lambda_i \ell_1}{\ell_i}$$

得到变量增量：

$$\mathrm{d}x_1 = -\mathrm{d}m \bigg/ \sum_{i=1}^{n} \frac{\lambda_i \ell_1}{\ell_i}$$

$$\mathrm{d}x_i = \frac{\ell_1}{\ell_i} \mathrm{d}x_1$$

将这一步得到的增量组记为 $d^b x_i$。

$$d^b x_i = \frac{\ell_1}{\ell_i} d^b x_1 = -\frac{\mathrm{d}m}{\sum_{k=1}^{n} \frac{\lambda_k \ell_i}{\ell_k}} \tag{5-31}$$

变形增量为

$$d^b U = \sum_{i=1}^{n} \hbar_i d^b x_i = -\mathrm{d}m \sum_{i=1}^{n} \frac{\hbar_i}{\sum_{k=1}^{n} \frac{\lambda_k \ell_i}{\ell_k}} \tag{5-32}$$

经过两步变换，结构质量保持不变，结构参数变为

$$x_i + d^a x_i + d^b x_i = x_i + \mathrm{d}m \left(\frac{1}{\sum_{k=1}^{n} \frac{\lambda_k \ell_k}{\ell_i}} - \frac{1}{\sum_{k=1}^{n} \frac{\lambda_k \ell_i}{\ell_k}} \right) \tag{5-33}$$

结构变形为

$$U + d^a U + d^b U = U + \mathrm{d}m \sum_{i=1}^{n} \left(\frac{\hbar_i}{\sum_{k=1}^{n} \frac{\lambda_k \ell_k}{\ell_i}} - \frac{\hbar_i}{\sum_{k=1}^{n} \frac{\lambda_k \ell_i}{\ell_k}} \right) \tag{5-34}$$

由于结构参数随质量变化采用不同的增减规律，所以 $d^a x_i + d^b x_i$ 不等于 0，经过参数变换产生新的结构，与原始结构相比，结构质量未变但变形已经减小。

下一个循环是将得到的新结构作为初始结构，计算产生新的形质灵敏度 ℓ_i、变形灵敏度 $\hbar_i$ 和质量灵敏度 λ_i 指标，进行同样的操作，当两次循环得到的变形差小于预先设定的收敛精度时计算终止。

5.4.2　起重臂优化设计

在此将相邻两次循环的变形差小于原变形的 5% 作为计算的终止条件。优化之后的结果分别为 $x_1 = 3.94$ mm，$x_2 = 12.96$ mm，$x_3 = 10.47$ mm，$x_4 = 12.41$ mm。

经过以上三轮优化之后，起重臂原始尺寸下及三次振荡后最大变形量分别如图 5-14～图 5-17 所示，其最大变形由优化前的 86.727 mm 减小为 70.453 mm，减小了16.27%，质量由优化前的 2 751.45 kg 增大为 2 753.42 kg，其优化结果见表 5-5，其中质量的微小变化是舍入误差造成的。

表 5-5　起重臂三次振荡循环变量与目标信息一览表

项 目	原始结构	第一次振荡循环	第二次振荡循环	第三次振荡循环
总质量 /kg	2 751.45	2 752.64	2 753.19	2 753.42
变形 u/mm	86.727	79.725	74.222	70.453
x_1/mm	8	6.63	5.24	3.94
x_2/mm	6	8.33	10.77	12.96
x_3/mm	8	8.92	9.65	10.47
x_4/mm	8	9.52	11.08	12.41

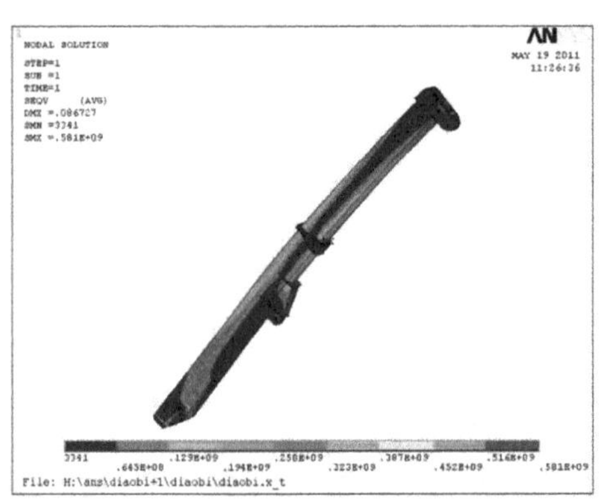

图 5-14　原始尺寸下最大变形量

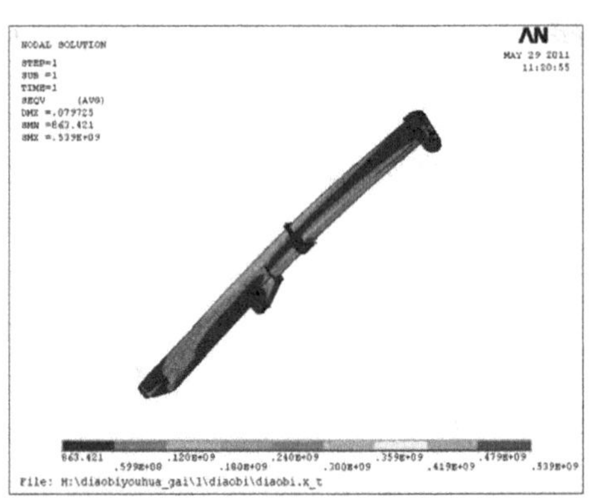

图 5-15　一次振荡后最大变形量

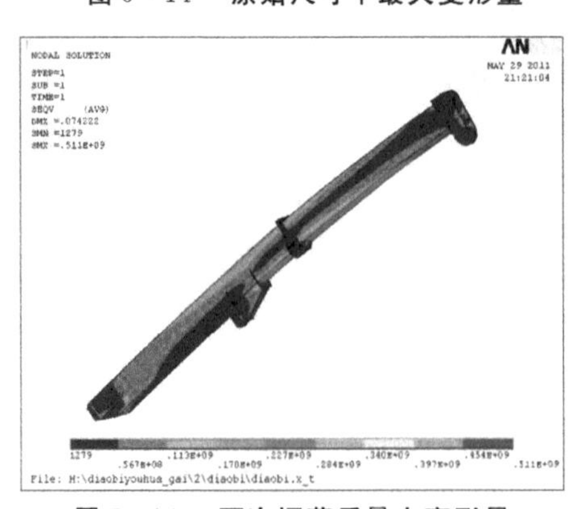

图 5-16　两次振荡后最大变形量

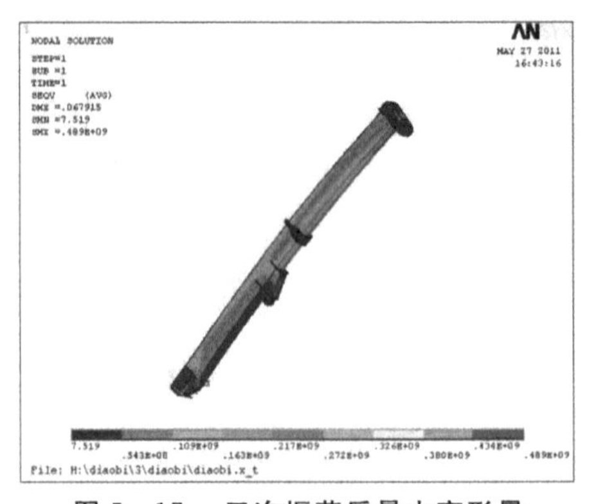

图 5-17　三次振荡后最大变形量

5.4.3　底架优化设计

由表 5-2 中变量的变形灵敏度和质量灵敏度可计算出 4 个变量的形质灵敏度，分别为：$\ell_1=\frac{\hbar_1}{\lambda_1}=-0.007\,11$，$\ell_2=\frac{\hbar_2}{\lambda_2}=-0.007\,15$，$\ell_3=\frac{\hbar_3}{\lambda_3}=-0.006\,16$，$\ell_4=\frac{\hbar_4}{\lambda_4}=-0.005\,46$。

由以上 4 个变量的形质灵敏度可以看出，其在改变相同质量的情况下对变形的影响几乎没有差别。因此，可以进一步判断出底架原始的结构尺寸比较合理，基本没有改进空间。

由表 5-6 可知，最大变形由最初的 25.354 mm，变为经过一次优化之后的 25.211 mm，仅减小了 0.56%。计算的结果如图 5-18 和图 5-19 所示，再次验证该判断是正确的。

表 5-6　底架一次振荡循环变量与目标信息一览表

项 目	原始结构	第一次优化
总质量 /kg	7 111.04	7 114.16
变形 u/mm	25.354	25.211
x_1/mm	12	12.71
x_2/mm	12	12.76
x_3/mm	25	24.37
x_4/mm	10	8.25

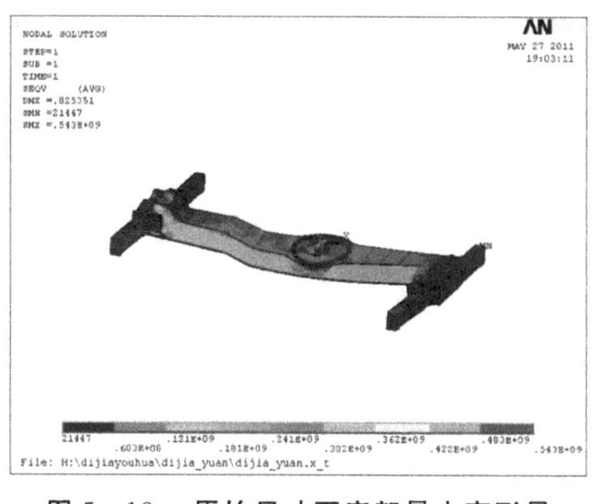

图 5-18　原始尺寸下底架最大变形量

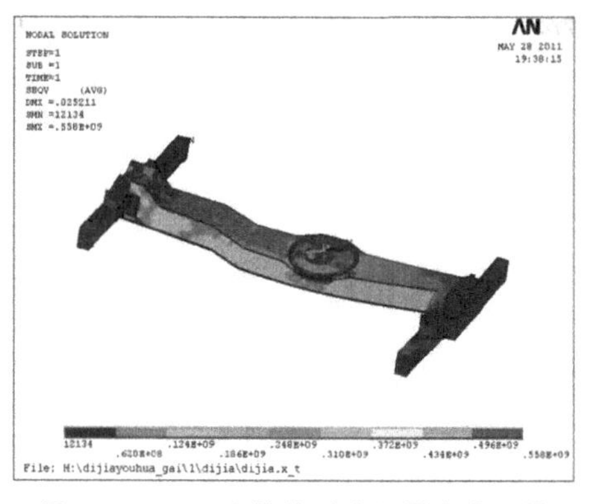

图 5-19　一次优化后底架最大变形量

5.5 本章小结

(1) 本章使用概率分析以及材料累积疲劳等学科知识，建立了起重装备钢结构件的应力-强度干涉理论模型，并针对指定的63 000次循环设计寿命，完成了起重装备钢结构件在统计载荷工况下失效概率分析。计算结果表明，在规定设计寿命下，起重装备钢结构件绝大多数部位的可靠度均能保持在较高水平(大于88.889%)，但是在某些局部区域，则存在可靠度偏低的情况。起重臂的可靠度可定性认为是85.804%，底架的可靠度为72.22%。该方法可以确定起重装备钢结构件的检修重点，为其安全评价提供了非常重要的依据。

(2) 在质量灵敏度和变形灵敏度的基础上引入形质灵敏度，使一些结构形式不合理的产品在质量不增加或尽可能少增加的同时达到减少变形的目的。起重臂优化正是基于此方法，在引入形质灵敏度的同时，通过令质量上下波动，在变形极小化目标控制下使结构参数不断发生变化，最终产生质量不变、变形减小的新结构。而由于底架各变量的形质灵敏度比较接近，即各变量增加相同幅度对变形减小的贡献基本一致，因此可以认为底架结构合理，不需要进行优化。

第6章　武器起重装备的载荷特性与可靠性试验

6.1　概　　述

起重装备要求具有良好的力学性能，包括应力水平、刚度、变形、抗干扰性能等，同时还要求具有较高的疲劳可靠度。对于设计人员来说，零件、结构件及整机的力学性能如何，会不会因强度不够造成破坏事故，能不能满足设计寿命的要求，这些都是必须关心和回答的问题。本章通过对起重装备进行各种试验检测，分析试验数据结果，判断其是否满足规定的设计要求。

6.2　试验对象与测试内容

起重装备上装部分由双升降滑轮装置及大小两套吊具、六边形起重臂及二节伸缩式机构、双卷扬起升机构、单缸顶置变幅机构、回转机构、支腿机构、电气系统、液压系统等部分组成。H型支腿采用全液压驱动，安装有高度限位器、水平仪、力矩限制器、钢丝绳三圈报警器、回转强制开关等安全保护装置。起重装备外观照片如图6-1所示。

图6-1　起重装备外观(正侧面45°)

本试验的测试内容有：

(1) 起重装备出厂试验测试；

(2) 噪声测量；

(3) 温升测试；

(4) 起重装备可靠性试验；

(5) 应力测试。

结构应力测试点的布置如图 6－2 ～ 图 6－4 所示。

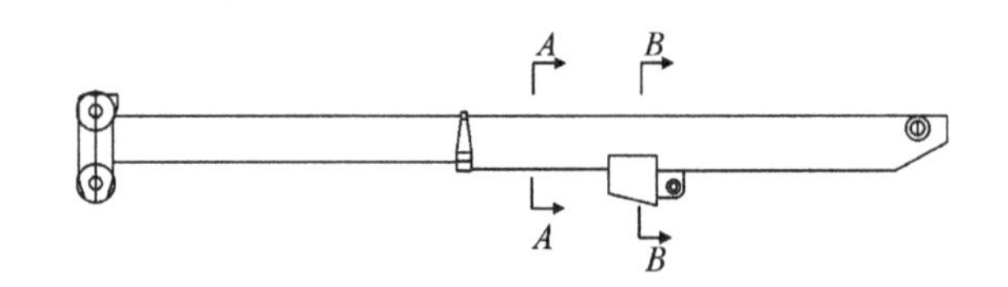

图 6－2　起重臂结构应力测点布置示意图

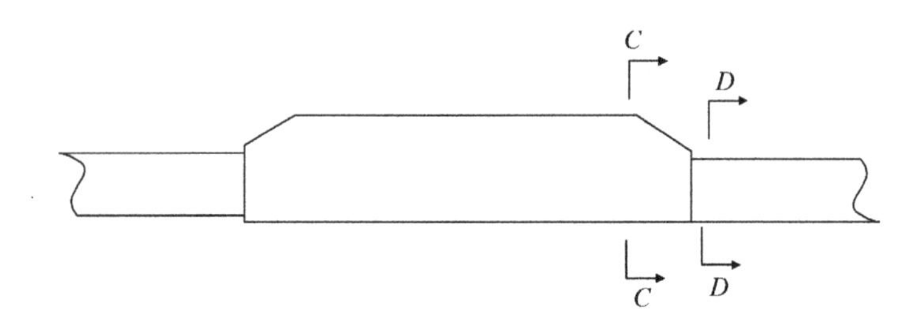

图 6－3　右后水平支腿结构应力侧点布置示意图

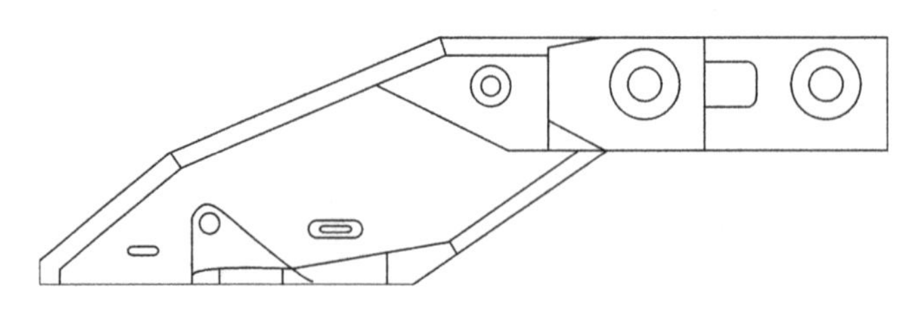

图 6－4　转台结构应力测点布置示意图

6.3　试验条件与仪器设备

(1) 试验日期及气象见表 6 - 1。

表 6 - 1　试验日期及气象

项 目	日期	天气	气温 /℃	风速 /(m·s^{-1})	风向
质量参数测量 起重作业性能参数测试 作业噪声测定 额定载荷 密封性试验 静稳定性试验 动载试验	11.23	晴	9 ～ 11	0	—
液压系统试验 静载试验	11.24	晴	10 ～ 12	0	—
结构应力试验	11.25	晴	10 ～ 13	0	—
作业可靠性试验	1.6 ～ 2.5				

(2) 试验用仪器设备见表 6 - 2。

表 6 - 2　试验用仪器设备

序号	名 称	规格型号	编 号
1	静态电阻应变仪	YJ - 18	48
2	非接触测试仪	FC - 1	1996303
3	声级计	HYl04	89011100
4	转速表	GE - 1200	14601621
5	温度计	JM222	9906061
6	秒表	SJ9 - 1	J303
7	地中衡	ZGT - 50	—

(3) 试验场地见表 6 - 3。

表 6-3　试验场地

序号	试验项目	试验场地
1	主要技术参数测量、专用功能试验、作业可靠性试验	坚实、平整、清洁的水泥地面
2	行驶性能试验	飞机场，道路为坚实、平整、干燥的水泥路面，长大于 2 km，宽大于 20 m，纵向坡度小于 0.1%

6.4　试验结果与分析

6.4.1　起重装备性能测试参数结果

起重作业性能参数的测定见表 6-4。

表 6-4　起重作业性能参数测定

<table>
<tr><th>序号</th><th>项 目</th><th colspan="3">工　况</th><th>单位</th><th>技术要求</th><th>试验结果</th></tr>
<tr><td rowspan="5">1</td><td rowspan="5">吊具 1
起升速度</td><td rowspan="4">$L=11.15$ m
$R=5.0$ m
（主臂）</td><td rowspan="2">$Q=0$ t</td><td>起升</td><td rowspan="5">m/min</td><td rowspan="2">—</td><td>6.4</td></tr>
<tr><td>下降</td><td>5.9</td></tr>
<tr><td rowspan="2">$Q=28.0$ t</td><td>起升</td><td rowspan="2">—</td><td>5.2</td></tr>
<tr><td>下降</td><td>5.9</td></tr>
<tr><td colspan="3">$Q=0$ t 单钩起升</td><td>0 ～ 50</td><td>53.7</td></tr>
<tr><td rowspan="2">2</td><td rowspan="2">回转速度</td><td colspan="2" rowspan="2">$L=11.15$ m，
$R=5.0$ m，$Q=0$ t</td><td>左转</td><td rowspan="2">r/min</td><td>(0 ～ 1.9)</td><td>1.6</td></tr>
<tr><td>右转</td><td>0 ～ 1.82</td><td>1.6</td></tr>
<tr><td rowspan="2">3</td><td rowspan="2">伸缩时间</td><td colspan="2" rowspan="2">$L=6.85\sim11.15$ m，
$Q=0$ t，$\alpha=50°$</td><td>伸臂</td><td rowspan="2">s</td><td>≤ 60.0</td><td>53.6</td></tr>
<tr><td>缩臂</td><td>≤ 60.0</td><td>20.9</td></tr>
<tr><td rowspan="2">4</td><td rowspan="2">变幅时间</td><td colspan="2" rowspan="2">$L=11.15$ m，$Q=0$ t，
$\alpha=$（最大 ～ 最小）</td><td>起臂</td><td rowspan="2">s</td><td>≤ 105.0</td><td>97.6</td></tr>
<tr><td>落臂</td><td>≤ 74.0</td><td>63.4</td></tr>
<tr><td rowspan="4">5</td><td rowspan="4">收放支腿
时间</td><td rowspan="4">起重装备呈
行驶状态</td><td rowspan="2">水平支腿</td><td>收</td><td rowspan="4">s</td><td>全程收</td><td>13.2</td></tr>
<tr><td>放</td><td>≤ 51</td><td>20.8</td></tr>
<tr><td rowspan="2">垂直支腿</td><td>收</td><td>全程放</td><td>30.0</td></tr>
<tr><td>放</td><td>≤ 73</td><td>38.3</td></tr>
<tr><td rowspan="4">6</td><td rowspan="4">最小稳定
速度</td><td rowspan="4">$L=11.15$ m，
$Q=28.0$ t，
$R=5.0$ m</td><td rowspan="2">吊钩升降</td><td>起升</td><td rowspan="2">m/min</td><td rowspan="4">—</td><td>0.5</td></tr>
<tr><td>下降</td><td>0.8</td></tr>
<tr><td rowspan="2">回转</td><td>左转</td><td rowspan="2">r/min</td><td>0.1</td></tr>
<tr><td>右转</td><td>0.2</td></tr>
</table>

注：① 发动机额定转速为 1 650 r/min；② 回转微动性差。

6.4.2　噪声测量结果

噪声测量结果见表 6－5。

表 6－5　作业噪声测量

序号	工况	环境辐射噪声 /dB(A)			机内噪声 /dB(A)	
		LP(A)	LW(A)	技术要求	LP(A)	技术要求 /dB(A)
1	定置	79.3	111.3	≤118	80.8	≤90
2	升降	79.7	111.7		84.6	
3	回转	79.4	111.4		80.1	
4	变幅	79.4	111.4		80.3	
5	伸缩	79.6	111.6		80.8	

6.4.3　结构静应力测试试验结果与分析

由图 6－5 及表 6－6 可知，所有测点的有限元应力计算值均小于材料许用应力[σ]，其中最大应力发生在工况三第 9 测点，这与真实测试结果完全吻合，且在该测点处，有限元计算值与实测值的误差(0.29％)非常小。在某些测点(2 号及 4 号测点)中误差值有些偏大，这是因为起重臂实际结构复杂，简化后的三维实体模型与实际模型还存在差别，尤其是基本臂前端下滑块处模型模拟的差别，使得二级臂底板和折板与之相接触区域的局部应力偏大，且起重装备是一种短周期循环工作的机械，这就造成了起重机实际载荷的多变性，而基于软件模拟的有限元模型无法完全模拟实际载荷工况，这些都会造成有限元计算值与实际测量值之间的偏差。

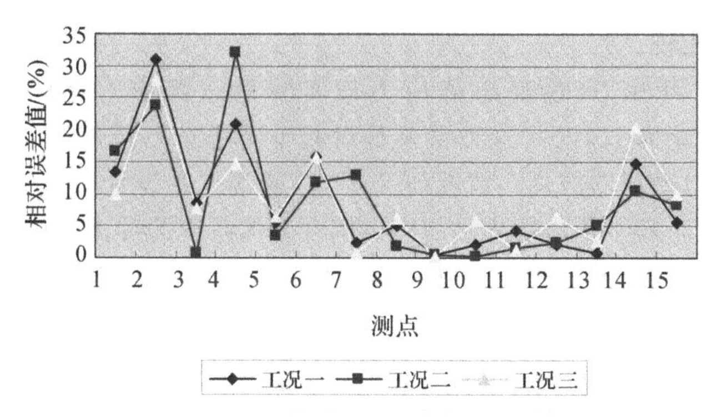

图 6－5　有限元计算应力值与实测应力值的相对误差

表 6-6　有限元计算应力值与实测应力值比较

测点	工况一			工况二			工况三		
	实测值/MPa	有限元计算值/MPa	相对误差/(%)	实测值/MPa	有限元计算值/MPa	相对误差/(%)	实测值/MPa	有限元计算值/MPa	相对误差/(%)
1	−67.5	−76.51	13.35	−89.3	−104.06	16.53	−86.4	−94.964	9.9
2	−151.9	−199.08	31.06	−163.4	−202.04	23.65	−184.9	−236.24	27.77
3	−181.2	−196.47	8.43	−189.2	−190.83	0.86	−227.9	−245.32	7.64
4	−161.3	−195.01	20.9	−147.8	−195.08	32	−212.2	−243.51	14.75
5	186.5	196.94	5.6	188.4	194.88	3.44	233.1	247.94	6.37
6	201.7	233.57	15.8	200.1	223.39	11.64	254.2	293.94	15.63
7	−133.1	−129.97	2.35	−139.2	−156.89	12.71	−160.3	−161.48	0.74
8	−226.0	−237.65	5.15	−221.8	−225.75	1.78	−278.3	−295.36	6.13
9	−251.0	−252.08	0.43	−239.0	−240.27	0.53	−312.4	−313.31	0.29
10	−171.7	−168.15	2.07	−158.4	−157.78	0.39	−222.2	−209.11	5.89
11	−87.2	−90.824	4.16	−86.1	−84.624	1.71	−123.2	−124.97	1.44
12	−91.8	−93.887	2.27	−79.7	−81.573	2.35	−134.0	−142.59	6.41
13	−114.0	−114.99	0.87	−80.4	−84.447	5.03	−156.7	−160.84	2.64
14	133.7	114	14.73	83.0	74.246	10.55	176.9	141	20.29
15	13.8	14.592	5.74	26.3	28.487	8.32	17.6	19.344	9.91

综上分析可以认为，基于 ANSYS 有限元软件对起重装备三大钢结构件的分析是合理、可靠的，完全可以用于起重装备的力学性能评价及设计、研究指导。

6.4.4　结构动应力试验结果与分析

试验利用 YJ-18 型静态电阻应变仪对如图 6-2 所示的起重臂两个截面（$A—A$ 和 $B—B$）的危险应力区（下端面）进行了应力测试。表 6-7 给出了理论值与试验值的比较。

由表 6-7 可知，理论稳态静应力与实测稳态静应力之间最大误差为 2.46%，最小误差为 1.10%，这种误差是对起重臂进行了局部简化处理而造成的。由于以往对动载冲击真实情况研究不多，通常工程设计时取动载系数为 2 进行设计计算，而基于传递矩阵法的刚柔耦合多体系统的冲击响应分析、动应力计算方法得出的理论值与实测值最大误差为 2.46%，因此完全可用以模拟真实动载冲击响应。

综上所述，基于传递矩阵法的刚柔耦合多体系统的冲击响应分析、动应力计算方法完全可用于起重装备的动态响应精确分析和工程设计计算。

表 6-7　应力的理论值与试验值

		理论值		试验值	稳态静应力相对误差/(%)
		最大动应力/MPa	稳态静应力/MPa	稳态静应力/MPa	
工况一	A—A 截面	495.3	254.2	251.0	1.27
	B—B 截面	379.4	179.2	181.2	1.10
工况三	A—A 截面	618.6	317.1	312.4	1.50
	B—B 截面	473.6	222.3	227.9	2.46

6.4.5　起重装备可靠性测试试验结果与分析

(1)作业可靠性试验工况及循环次数见表 6-8。

表 6-8　作业可靠性试验工况及循环次数

序号	循环名称	工况	一次循环内容	循环次数/次
1	全伸臂起升回转循环	L=11.15 m Q=27.0 t R=5.5 m	重物由地面起升到最大高度,下降到某一高度,左右180°回转,下降到地面	2 600
2	全伸臂起升变幅回转循环	L=11.15 m Q=27.0 t R=5.5～4.0 m	重物起升到某一高度,起臂到最小工作幅度,落臂到原位,左右 180°回转,起升到最大高度,下降到地面	1 000
3	起重臂伸缩循环(空载)	L=11.15～6.85 m Q=0 t α=50°	空载状态,起重臂从基本臂状态全部伸出,再全部缩回到基本臂状态	150
4	起重臂伸缩循环(带载)	L=11.1～6.85 m Q=10.0 t α=50°	带载状态,起重臂从基本臂状态全部伸出,再全部缩回到基本臂状态	50
5	支腿收放循环	起重装备呈行驶状态	支腿全部伸出,再全部缩回到原位	100

(2)作业可靠性试验结果统计见表 6-9。

表 6-9　作业可靠性试验结果统计

序号	项 目	循环次数/次	作业时间/h
1	全伸臂起升回转	2 600	214.3
2	全伸臂起升变幅回转	1 000	85.7
3	起重臂伸缩(空载)	150	10.0
4	起重臂伸缩(带载)	50	4.2
5	收放支腿	100	6.3
6	合计	3 900	320.5
7	故障次数/次	5	
8	当量故障数/次	3.2	
9	维修时间/h	3.5	
10	保养时间/h	4.0	
11	平均无故障工作时间/h	100.0	
12	作业率/(%)	98.9	

(3)作业可靠性试验故障统计见表 6-10。

表 6-10　作业可靠性试验故障统计

序号	工况号	故障内容	故障原因	排除措施	故障类别	累计循环次数/次	累计作业时间/h	维修时间/h
1	一	回转中心大回油接口漏油	油封坏	更换油封	一般	250	20.8	0.3
2	一	主副卷扬钢丝绳有散股、断股	结构形式不匹配	更换无锡产钢丝绳	一般	646	53.8	2.0
3	一	高度限位器工作不正常	失灵	调整	轻微	2 492	207.6	0.2
4	二	上车油门不复位	装配不当	调整复位弹簧	轻微	2 822	235.4	0.2
5	三	收缩臂时,起重臂有抖动	平衡阀故障	更换平衡阀	一般	3 800	314.2	0.8

备注:起重装备在作业可靠性试验进行到 1 000 次循环时,底架出现较大异响,停机检查发现底架后端底部马鞍板处交叉焊缝开裂,焊缝存在质量缺陷。补焊后,重新进行作业可靠性试验。故障统计表中故障为重新进行作业可靠性试验中发生的故障。

(4)作业可靠性试验保养统计见表 6-11。

表 6-11　作业可靠性试验保养统计

序号	工况号	保养内容	累计循环次数/次	累计作业时间/h	保养时间/h
1	一	检查紧固各固定螺栓、管接头、阀锁等，铰点、油堵等加注润滑油	1 764	146.9	2.0
2	二	检查紧固各固定螺栓、管接头、阀锁等，铰点、油堵等加注润滑油	3 136	261.1	2.0

(5)拆检检查见表 6-12。

表 6-12　拆检检查

序 号	总 成	零 件	项 目	合格要求	检查结果
1	结构件	起重臂	裂纹、焊缝、结构变形	无裂纹，焊缝达到规定要求，结构无永久变形	正常
2		转台			正常
3		底架			正常
4	回转支承	内外圈	裂纹、压痕、点蚀、剥落	无裂纹，无异常压痕，无点蚀、剥落	有较严重点蚀
5	油缸	活塞杆	表面粗糙度和损伤	粗糙度不低于设计要求，表面无损伤	正常
6		缸筒			正常

通过可靠性试验得到如下结论：

1)起重装备主要技术参数和性能指标均满足设计要求。

2)起重装备制动距离、作业噪声安全环保项达到有关强制性标准的规定。

3)起重装备起重臂、支腿、吊具等结构应力满足设计要求。

4)起重装备车经过 3 900 次作业可靠性试验，主要总成和零部件工作可靠，上装部分共发生一般故障 3 次，轻微故障 2 次，未发生致命故障和严重故障。底盘部分共发生严重故障 1 次，一般故障 2 次，轻微故障 1 次。作业率为 98.9%，平均无故障工作时间为 100 h(上装部分故障指标)。

5)起重装备经过 10 880 km 行驶可靠性试验，主要总成和零部件工作可靠，共发生严重故障 2 次，一般故障 3 次，轻微故障 5 次，未发生致命故障，有效度为 94.5%，平均故障间隔里程为 2 176 km。

6)建议改进液压系统，使主副卷扬达到同步，加强外购件质量控制，提高生产工艺水平。

7)基于 ANSYS 有限元软件对起重装备三大钢结构件的分析是合理、可靠的，有限元计算值与实测值的误差(0.29%)非常小，完全可以用于起重装备的静力学性能评价及设计、研究指导。

8)基于传递矩阵法的刚柔耦合多体系统的冲击响应分析、动应力计算方法得到的稳态静应力与试验值基本吻合(相对误差小于3%),完全可用于起重装备的动态响应精确分析、工程设计计算。

6.5 本章小结

本章通过起重装备出厂试验测试、噪声测量、温升测试、应力测试、可靠性试验测试,发现起重装备主要技术参数和性能指标均满足设计要求。ANSYS有限元技术可以用于起重装备的静力学性能评价。同时,基于传递矩阵法的刚柔耦合多体系统的冲击响应分析、动应力计算方法可用于起重装备的动态响应精确分析。

第7章　总　　结

从起重装备关键结构件的结构、材料、作业工况及自身所受到的复杂载荷入手，结合相关理论，利用多体动力学载荷分析、三维有限元分析、虚拟样机技术、疲劳可靠性分析以及灵敏度可靠度优化技术，建立起一个较为完备的起重装备结构件可靠性、安全性研究系统，用以指导武器系统转载装备钢结构件的设计、研究和监控，为获得高可靠性、长寿命的武器系统转载装备钢结构件提供参考依据，从而实现武器系统的高可靠性转载、吊装。

(1)本书基于多体系统传递矩阵法给出了起重装备各元件间的传递函数关系，在此基础上分析了起重装备的固有频率和主振型，解决了起重装备振动固有频率和主振型的计算问题，所建立的起重装备刚柔耦合多体系统动力学模型更接近实际，保证了求解精度。该方法计算工作量小，计算速度快，计算整个振动特性只需不到 10 s。

(2)采用多体系统传递矩阵法对转载装备进行了动力学分析，由起重臂在起升加速阶段的冲击响应得出，位移响应在 0.4 s 内达到最大值，并且在 2 s 内达到稳态，在位移最大值处起重臂发生明显的变形。最大动应力远远大于稳态静应力，动载系数为 1.98，动载冲击对结构的影响不可忽视。

(3)在起重装备起重臂的额定起升载荷为 28 t 的条件下，针对三种工况，通过对起重臂进行静强度和变形计算，其最大 von Mises 应力均小于材料的许用应力，故钢结构件的静强度是满足要求的，且最大挠度皆小于许用值，故也满足刚度要求，而且与试验结果基本吻合。此外，基于分析计算得出的应力-应变分布，可以通过改变截面形状、薄板厚度、前后滑块间距等方法来优化起重臂结构，为后续工作提供非常有价值的参考。

(4)建立了起重装备钢构件的应力-寿命、应变-寿命以及底架结构的 Brown-Miller 寿命预估模型，结合各寿命预估模型，分析得到了起重装备各钢构件的疲劳寿命。结果表明：起重臂完成 30 978 次工作循环时，出现小裂纹，在起重臂完成 392 699 个工作循环后，不应继续使用；底架完成 4 375 次工作循环后，底架钢结构产生细小裂纹，在完成 67 462 个工作循环后，不应继续使用。该疲劳寿命预估结果表明，底架为低寿命构件，可作为起重装备的重点结构改进对象。该型起重装备应对结果中的低寿命区进行重点检修。

(5)使用概率分析以及材料累积疲劳等学科知识，建立了起重装备钢结构件的应力-强度干涉理论模型，并针对指定的63 000次循环设计寿命，利用Fe-safe软件完成了起重装备钢结构件在统计载荷工况下失效的概率分析。基于应力-强度干涉的可靠性分析结果表明：起重臂的可靠度可定性认为是85.804%；认为底架钢结构在预期寿命下的可靠度为72.22%。底架为低寿命、低可靠度构件，参照前文的动应力、疲劳寿命和可靠度分析结果，应将底架结构作为结构改进的重点对象。在后期的使用中，应参照本书中的动应力、疲劳寿命和可靠度分析结果，对危险区域进行重点检修，以延长使用寿命，避免事故发生。

(6)起重臂基于形质灵敏度的优化，通过令质量上下波动，在变形极小化目标控制下使结构参数不断发生变化，最终产生质量不变、变形减小的新结构，其最大变形由优化前的0.086 72 m减小为0.070 453 m，减小了16.27%。而由于底架各变量的形质灵敏度比较接近，即各变量增加相同幅度对变形减小的贡献基本一致，因此可以认为底架结构合理，不需要进行优化。

参考文献

[1] 顾迪民. 工程起重机[M]. 2 版. 哈尔滨:哈尔滨建筑大学,2000.

[2] WITTENBUFG J. Dynamics of systems of rigid bodies[M]. Stuttgart: Teubner,1977.

[3] ROBERSON S. Dynamics of multibody system [M]. Berlin: Springer-Verlag,1988.

[4] KANE T R,LEVINSON D A. Dynamics:theory and applications[M]. New York:McGraw-Hill,1985.

[5] NIKRAVESH P E. Computer-aided analysis of mechanical systems [M]. Engelwood Cliffs:Prentice-Hall,1988.

[6] HAUG E J. Computer-aided kinematics and dynamics of mechanical systems[M]. Boston:Allyn and Bacon,1989.

[7] CHANG L W, HAMILTON J F. Dynamic of robotic manipulator with flexible links[J]. ASME J Dynamic System Modeling and Control,1991, 113 (1):54 - 59.

[8] CHOI S B, LEE H B, CHEONG C C. Compliant control of joint constrained flexible manipulator[J]. Proc of ACC,1995,101 (1):24 - 29.

[9] HASTINGS G, BOOK W. A linear dynamic model for flexible robotic manipulators[J]. IEEE Control Systems Magazine,1987,7(1):61 - 64.

[10] SATO K, SAKAWA Y. Modelling and control of flexible rotary crane [J]. International Journal of Control,2008,48(5):2085 - 2105.

[11] KILICASLAN S, BALKAN T. Tipping loads of mobile cranes with flexible booms[J]. Journal of Sound and Vibration,1999,223(4):645 - 657.

[12] PESTEL E C, LECKIE F A. Matrix method in elastic mechanics[M]. New York:McGraw Hill Book Comp,1963.

[13] SANTOSHA K D,EBERHARD P. Dynamic analysis of flexible manipulators,a literature review[J]. Mechanism and Machine Theory,2006,41(7):749 - 777.

[14] 李舜酩. 机械疲劳与可靠性设计[M]. 北京:科学出版社,2006.

[15] 丛楠. 军用工程机械虚拟疲劳试验研究[D]. 长沙:国防科学技术大学,2006.

[16] 刘锦阳,马易志. 柔性多体系统多点碰撞的理论和实验研究[J]. 上海交通大学学报,2009,43(10):1667 - 1671.

[17] BAUMGARTE J. Stabilization of constraints and integrals of motion in dynamical systems[J]. Computer Methods in Applied Mechanics and Engineering,1972(1):1 - 16.

[18] BAE D S,YANG S M. A stabilization method for kinematic and kinetic constraint equations[J]. Real-Time Integration Methods for Mechanical System Simulation,1990(69):209 - 232.

[19] BAYO E,de GARCÍA J J. A modified lagrangian formulation for the dynamic analysis of constrained mechanical systems[J]. Computer Methods in Applied Mechanics and Engineering,1988,71(2):183 - 195.

[20] SCJIEHLEN W. Multibody system dynamics:roots and perspectives[J]. Multibody System Dynamics,1997(1):149 - 188.

[21] NEWTON I. Philosophiae naturalis principia mathematica[M]. London:London Royal Society,1687.

[22] 陈世民. 理论力学简明教程[M]. 北京:高等教育出版社,2008.

[23] 刘延柱,洪嘉振,杨海兴. 多刚体系统动力学[M]. 北京:高等教育出版社,1989.

[24] 刘又午. 多刚体系统动力学[M]. 天津:天津大学出版社,1991.

[25] 张策. 弹性连杆机构的分析与设计[M]. 2 版. 北京:机械工业出版社,1997.

[26] HUSTON R L. Multi-body dynamics including the effect of flexibility and compliance[J]. Computers and Structures,1981,14(5/6):443 - 451.

[27] HUSTON R L. Computer methods in flexible multibody dynamics[J]. International Journal forNumerical Methods in Engineering,1991,32(8):1657 - 1668.

[28] HUSTONL R L. Flexibility effects in multibody system dynamics[J].

Mechanics Research Communications,1980,7(4):56-60.

[29] SCHIEHLEN W O,RAUH J. Modeling of flexible multibeam systems by rigid-elastic super-elements[J]. Revista Brasiliera de Ciencias Mecanicas, 1986,8(2):151-163.

[30] 贺少华,谢最伟,吴新跃.一种面向平面多刚柔系统的冲击响应建模和计算方法[J].振动与冲击,2011,30(2):93-98,109.

[31] 谢官模.振动力学[M].北京:国防工业出版社,2007.

[32] 刘锦阳,马易志.柔性多体系统多点碰撞的理论和实验研究[J].上海交通大学学报,2009,43(10):1667-1671.

[33] 刘才山,陈滨,王示.多体系统斜碰撞动力学中的结构柔性效应[J].振动与冲击,2000,19(2):24-27.

[34] 丁克勤.起重机械虚拟仿真计算与分析[M].北京:机械工业出版社,2010.

[35] 芮筱亭,贠来峰,陆毓琪,等.多体系统传递矩阵法及其应用[M].北京:科学出版社,2008.

[36] CHANG C O,NIKRAVESH P E. An adaptive constraint violation stabilization method for dynamic analysis of mechanical systems[J]. Journal of Mechanisms, Transmissions and Automation in Design,1985,107(4):488-492.

[37] NIKRAVESH P E. Some methods for dynamic analysis of constrained mechanical systems: a survey [J]. Computer-Aided Analysis and Optimization of Mechanical System Dynamics,Springer-Verlag,1984:351-368.

[38] 王贡献,沈荣瀛.起重机臂架在起升冲击载荷作用下动态特性研究[J].机械强度,2005,27(5):561-566.

[39] ISO 8686-1:1989 Crane Design principles for loads and load combinations: Part3:General[S]. IX-ISO,1989.

[40] 胡宗斌,阎以诵.起重机动力学[M].北京:机械工业出版社,1989.

[41] 麦崇.电机学与拖动基础[M].北京:机械工业出版社,1998.

[42] 杨绪灿,金建三.弹性力学[M].北京:高等教育出版社,1987.

[43] 须雷.起重机可靠性评定方法研究与应用[D].上海:上海交通大学,1998.

[44] 王欣,高顺德.大型吊装技术与吊装用起重设备发展趋势[J].石油化工建设,2005,27(11):50-65.

[45] MIEDEMA B, MANSOUR W M. Mechanical joints with clearance: a

three-mode model[J]. ASME Journal of Engeering for Industry，1976，98：1319 - 1323.

[46] 郦明. 汽车结构抗疲劳设计[M]. 合肥：中国科技大学出版社，1995.

[47] 刘静. 某特种车辆车架疲劳可靠性分析研究[D]. 南京：南京理工大学，2007.

[48] 王时任，陈继平. 可靠性工程概论[M]. 武汉：华中工学院出版社，1983.

[49] 金伟娅，张康达. 可靠性工程[M]. 北京：化学工业出版社，2005.

[50] 黄琳. 起重机伸缩臂结构优化研究[D]. 大连：大连理工大学，2007.

[51] 韩宝菊，肖任贤. 基于 ADAMS 的装载机工作装置的动力学分析与仿真[J]. 机械工程与自动化，2006，25(1)：116 - 120.

[52] 郭卫，周红梅，李富柱. 基于虚拟样机技术的矿用机车制动系统的动态仿真[J]. 工程机械，2005，36(11)：6 - 9.

[53] 焦文瑞，孔庆华. 汽车起重机箱形伸缩式起重臂的有限元分析[J]. 工程机械，2007，38(9)：33 - 36.

[54] 马胜. QTJS160 铁路起重机伸缩起重臂结构的有限元分析[D]. 武汉：华中科技大学，2007.

[55] 孙健. 汽车起重机方案阶段有限元分析及实用工具的开发[D]. 吉林：吉林大学，2009.

[56] 纪爱敏，彭铎，刘木南，等. QY25K 型汽车起重机伸缩起重臂的有限元分析[J]. 工程机械，2003，34(1)：19 - 21.

[57] 钱峰，张治. 汽车零部件计算机模拟疲劳试验研究[J]. 北京汽车，2002，25(4)：15 - 17.

[58] 赵韩，钱德猛，魏映. 汽车空气悬架弹簧支架的动力学仿真与有限元分析一体化疲劳寿命计算[J]. 中国机械工程，2005，16(13)：1210 - 1213.

[59] 胡玉梅，陶丽芳，邓兆祥. 车身台架疲劳强度试验方案研究[J]. 汽车工程，2006，28(3)：301 - 303.

[60] 王刚，杨莺，刘少军. 虚拟样机在工程机械领域的应用[J]. 工程机械，2003，34(8)：11 - 13.

[61] 田志成，王东升，陈英杰. 国内外装载机可靠性与使用寿命分析[J]. 建筑机械，2005，25(11)：63 - 68.

[62] 白玉琳. 矿用正铲液压挖掘机工作装置虚拟样机研究[D]. 重庆：重庆大

学,2008.

[63] 刘敬刚.重载货车钩舌的疲劳特性研究[D].大连:大连交通大学,2009.

[64] 何水清,王善.结构可靠性分析与设计[M].北京:国防工业出版社,1993.

[65] 张觉慧,金锋,余卓平.道路模拟试验用载荷谱样本选择方法[J].汽车工程,26(2):220-223.

[66] 崔高勤.汽车零部件实际使用寿命与台架试验寿命间的当量关系估计[J].汽车技术,1991,22(4):30-35.

[67] 丛楠.军用工程机械虚拟疲劳试验研究[D].长沙:国防科学技术大学,2006.

[68] 陈丰.卡特彼勒蝉联全球最强机械企业[J].工程机械与维修,2006(2):107.

[69] 张冬梅.LMS 为卡特彼勒提供 NVS 技术支持[J].车用发动机,2005,28(3):69-69.

[70] ANON. Selecting materials for fatigue resistance[J]. Advanced Materials and Processes,1990,137(6):39-41.

[71] RUCH,WOLFGANG. Fatigue crack propagation behavior of new Al-Li-X alloys[J]. Engineering Materials Advisory Services,1984(119):145-161.

[72] ASHIZYKA M. Fatigue behavior of Y_2O_3-partially stabilized zirconia[J]. Yogyo Kyokai Shi,1986,94(1088):432-439.

[73] 徐灏.疲劳强度[M].北京:高等教育出版社,1988.

[74] YUNG-LI L,PAN J,RICHARD B H. Fatigue testing and analysis[M]. New York:Elesevier Butterworth-Heinemann Press,2005.

[75] 赵少汴.抗疲劳设计[M].北京:机械工业出版社,1994.

[76] CHU C C. Multiaxial fatigue life prediction method in the ground vehicle industry[J]. International Journal of Fatigue,1997,19(1):325-330.

[77] SHANG D G. A nonlinear damage cumulative method for uniaxial fatigues[J]. International Journal of Fatigue,1999,21(2):187-194.

[78] 姚卫星.结构疲劳寿命分析[M].北京:国防工业出版社,2003.

[79] 赵少汁,王忠保.抗疲劳设计:方法与数据[M].北京:机械工业出版社,1997.

[80] 吕海波.结构疲劳可靠性分析方法研究[D].南京:南京航空航天大

学，2000.
[81] 高镇同，熊峻江. 疲劳可靠性[M]. 北京：北京航空航天大学出版社，2000.
[82] 郦明. 结构抗疲劳设计[M]. 北京：机械工业出版社，1987.
[83] 高镇同. 航空金属材料疲劳性能手册[M]. 北京：北京航空材料研究所，1981.
[84] 姜年朝. ANSYS 和 ANSYS，FE - SAFE 软件的工程应用及实例[M]. 南京：河海大学出版社，2006.
[85] 起重机设计规范：GB/T 3811—2008[S]. 北京：中国标准出版社，2008.
[86]《起重机设计手册》编写组. 起重机设计手册[M]. 北京：机械工业出版社，1980.
[87] 韦仕富，王三民，郑钰琪，等. 某型汽车起重机起重臂的有限元分析及试验验证[J]. 机械设计，2011(6)：92 - 96.
[88] 汽车起重机和轮胎起重机试验规范　第 3 部分：结构试验：GB/T 6068.3—2005[S]. 北京：中国标准出版社，2005.
[89] 张朝晖. ANSYS 11.0 结构分析工程应用实例解析[M]. 北京：机械工业出版社，2008.
[90] 王金诺，于兰峰. 起重运输机金属结构[M]. 北京：中国铁道出版社，2001.
[91] 谢里阳，王正，周金宇，等. 机械可靠性基本理论与方法[M]. 北京：科学出版社，2008.
[92] 郭卫东. 虚拟样机技术与 ADAMS 应用实例教程[M]. 北京：北京航空航天大学出版社，2008.
[93] 乔爱科，孙洪鹏，高斯，等. 基于传递矩阵法的连续梁内力计算[J]. 北京工业大学学报，2008，34(8)：806 - 810.
[94] 李颖. 核主泵叶轮非定常流场及疲劳寿命可靠性分析[D]. 上海：上海交通大学，2009.
[95] 黄大巍，李风，毛文杰. 现代起重运输机械[M]. 北京：化学工业出版社，2006.
[96] 郭聪. 钢桥节点焊接局部疲劳寿命分析[D]. 大连：大连理工大学，2007.
[97] 任松茂，辛莹. 道路模拟试验方法浅析[J]. 重型汽车，2003(3)：13 - 14.
[98] 吴波，黎明发. 机械零件与系统可靠性模型[M]. 北京：化学工业出版社，2003.

[99] 卢玉明. 机械零件的可靠性设计[M]. 北京：高等教育出版社，1989.
[100] 蔚东绪. 结构可靠度分析的原理及近年研究进展[J]. 科技情报开发与经济，2005，15(12)：124－125.
[101] 布劳德. 起重机可靠性和统计动力学[M]. 张质文，译. 北京：中国铁道出版社，1985.
[102] 周根华. 用传递矩阵法求梁截面的状态矢量[J]. 上海电力学院学报，1996，12(2)：73－81.
[103] 杨晶，李卫民，刘玉浩. 汽车起重机起重臂的有限元分析[J]. 辽宁工学院报，2007，27(3)：195－197.
[104] 刘鸿文. 材料力学：Ⅰ[M]. 北京：高等教育出版社，2004.
[105] 蒋红旗. 高空作业车作业臂有限元结构分析[J]. 机械研究与应用，2004，17(6)：68－69.
[106] 杨庆乐. 基于 ANSYS/FE－SAFE 的强夯机臂架疲劳寿命分析[D]. 大连：大连理工大学，2009.
[107] 张泓. 4G1 发动机支架疲劳性能分析研究[D]. 哈尔滨：东北林业大学，2006.
[108] FARID M, STANISLAW A L. Dynamis modeling of spatial manipulators with flexible links and joints[J]. Computers and Structures，2000，75：419－437.
[109] ZHANG C, HUANG Y Q, WANG Z L, et al. Analysis and design of elastic linkages[M]. Beijing：China Machine Press，1997.
[110] LIU Y C. Kinematics and dynamics of redundant flexible cooperative robots[D]. Beijing：Beijing University of Technology，2004.
[111] 朱渝春，蹇开林，严波. 工程机械底架结构有限元分析的技术处理[J]. 工程机械，2002，33(10)：13－15.
[112] PFEIFFER F, GLOCKER C. Multibody dynamics with unilateral contacts [M]. New York：John Wiley & Sons Inc，1996.
[113] JALÍN J G, BAYO E. Kinematic and dynamic simulation of multibody systems[J]. UPM，1994：157－159.
[114] 程文明，王金诺. 桥门式起重机疲劳裂纹扩展寿命的模拟估算[J]. 起重运输机械，2001(2)：1－4.
[115] 谢元峰，杨累，刘洁涛. 关于轮胎吊车车架的疲劳强度计算[J]. 中国水运：

理论版,2006,3(2):130－131.
[116] 谢先福,周建超.越野轮胎起重机车架的疲劳计算[J].建设机械技术与管理,2010,23(5):88－90.
[117] 孙国芹,尚德广,邓静.基于临界面法的多轴低周疲劳损伤参量[J].北京工业大学学报,2008(4):337－340.
[118] BROWM M W,MILLERK J. A theory for fatigue failure under multiaxial stress-strain conditions [J]. Proc. Inst. Mech. Engs,1973,187:745－755.
[119] 鄢奉林,陆兵,倪利勇.钢制车轮动态弯曲试验疲劳寿命预测[J].机械设计与制造,2010(6):117－119.
[120] AMAZALLAG C. Standardization of the rain flow counting method for fatigue analysis [J]. Int. J. Fatigue,1994,16(4):287－293.
[121] BANNANTINE J A,COMER J J,HANDROCK J L. Fundamentals of metal fatigue analysis [M]. New Jersey:Englewood Cliffs,1990.